彩图 1 南美白对虾

彩图 2 充分暴晒的池底

彩图 3 池标法标粗

彩图 4 搭建保温棚的池塘标粗

彩图 5 围栏式虾苗标粗（筛绢网）

彩图 6 围栏式虾苗标粗（塑料布）

彩图 7 饲料观察网摄食情况观察
（投喂量过大）

彩图 8 饲料观察网摄食情况观察
（投喂量合适）

彩图 9 稀释糖蜜

彩图 10 全池泼洒稀释好的糖蜜

彩图 11 拉网法收捕对虾

彩图 12 电网法收捕对虾

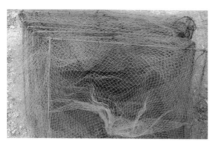

彩图 13 收虾用网笼

彩图 14 网笼法收捕对虾

彩图 15 养殖尾水沟渠中的净化生物区划

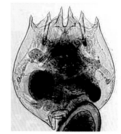

彩图 16 壶状臂尾轮虫

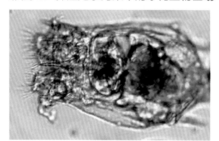

彩图 17 萼花臂尾轮虫

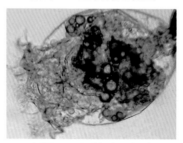

彩图 18 褶皱臂尾轮虫

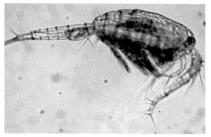

彩图 19 哲水溞（桡足类）

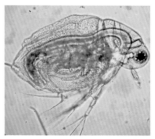

彩图 20 裸腹溞（枝角类）

彩图 21 立体式增氧系统

彩图 22 合理布局增氧机推动水体
形成环流

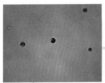

蛋白核小球藻
Chlorella pyrenoidosa

绿色颤藻
Oscillatona chlonne

波状石丝藻
Lithodesmium undulatum

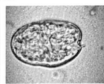

微小原甲藻
Prorocentrum minimum

条斑小环藻
Cyclotella striata

普蒂双鞭藻
Eutreptia pertyi

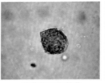

锥状斯克里普藻
Scrippsella trochoidea

钟形裸甲藻
Gymnodinium mitratum

彩图 23 对虾养殖池塘常见优势微藻

彩图 24 铺膜池

彩图 25 水泥护坡沙底池

彩图 26 水泥池

彩图 27 滩涂土池

彩图 28 养殖前期在虾池中围网标粗
罗非鱼幼鱼

彩图 29 南美白对虾与革胡子鲶、
鲻鱼的围网分隔式混养

彩图 30 广东省珠海市河口区低盐度淡化养殖土池

彩图 31 高位池越冬棚养殖

彩图 32 土池越冬棚养殖

彩图 33 越冬棚的钢丝固定网格与塑料薄膜

彩图 34　南美白对虾感染白斑综合征病毒
　　　　的体征

彩图 35　头胸甲上明显的
　　　　白斑

彩图 36　感染桃拉病毒的南美白对虾体色
　　　　变红

彩图 37　显微镜下对虾甲壳
　　　　的色素沉积

彩图 38　感染桃拉病毒的南美白对虾体表呈现黑色斑点

彩图 39　对虾细菌性红腿病
　　　　个体

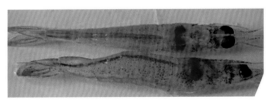

彩图 40　对虾细菌性红体病个体

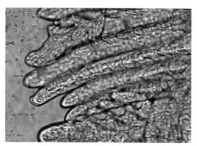

彩图 41 细菌感染的鳃丝

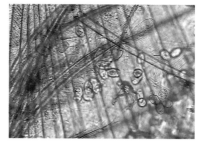

彩图 42 寄生虫感染的鳃丝

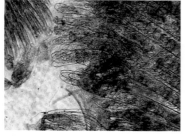

彩图 43 丝状藻类感染的鳃丝

彩图 44 患病对虾鳃部被镰刀菌感染溃烂

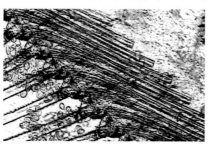

彩图 45 聚缩虫寄生于对虾鳃丝

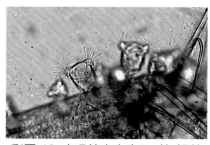

彩图 46 壳吸管虫寄生于对虾鳃丝

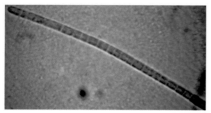

彩图 47 养殖水体中的颤藻

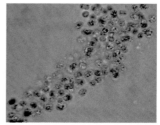

彩图 48 养殖水体中的微囊藻

彩图 49 养殖池塘下风处的
微囊藻水华

彩图 50 微囊藻水华池塘中中毒死亡的
对虾

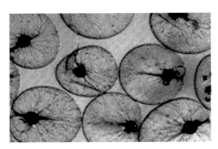

彩图 51 对虾养殖水体中常见的夜
光藻形态

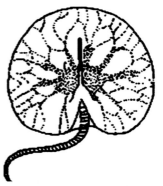

彩图 52 夜光藻模式图

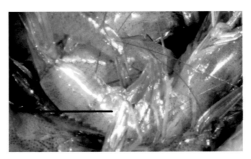

彩图 53 南美白对虾腹部近尾端的肌肉坏死

水/产/高/效/健/康/养/殖/丛/书

NANMEI BAIDUIXIA

GAOXIAO YANGZHI YU JIBING FANGZHI JISHU

南美白对虾

高效养殖与疾病防治技术

汪建国 总主编　　　曹煜成 文国樑 李卓佳 等编著

化学工业出版社

·北京·

本书针对近年来我国南美白对虾养殖生产实践的一些实际问题，详尽介绍了南美白对虾的生物学结构特征、生态习性，重点围绕目前国内主要采用的高位池精细养殖、滩涂土池养殖、低盐度养殖、越冬棚养殖等多种对虾养殖模式；既总结了适用于各种养殖模式的高效养殖技术流程、环境调控、病害综合防治等共性技术，又针对不同模式的特点提出了专用技术。本书内容丰富，理论与生产实践紧密结合，具有较强的指导性和可操作性。

本书可供广大对虾养殖从业者，也可供水产养殖专业的师生、有关科技人员及管理人员阅读和参考。

图书在版编目（CIP）数据

南美白对虾高效养殖与疾病防治技术/曹煜成，文国樑，李卓佳等编著.
北京：化学工业出版社，2014.7（2023.1重印）
（水产高效健康养殖丛书/汪建国总主编）
ISBN 978-7-122-20699-2

Ⅰ.①南…　Ⅱ.①曹…②文…③李…　Ⅲ.①对虾养殖②对虾科-虾病-防治　Ⅳ.①S968.22②S945.4

中国版本图书馆 CIP 数据核字（2014）第 100267 号

责任编辑：漆艳萍　邵桂林　　　　　　装帧设计：史利平
责任校对：王　静

出版发行：化学工业出版社（北京市东城区青年湖南街 13 号　邮政编码 100011）
印　　刷：北京云浩印刷有限责任公司
装　　订：三河市振勇印装有限公司
850mm×1168mm　1/32　印张 6¼　彩插 4　字数 175 千字
2023 年 1 月北京第 1 版第 18 次印刷

购书咨询：010-64518888
售后服务：010-64518899
网　　址：http://www.cip.com.cn
凡购买本书，如有缺损质量问题，本社销售中心负责调换。

定　　价：25.00 元　　　　　　　　　　版权所有　违者必究

编写人员名单

总　主　编　　汪建国

本书编写人员　　曹煜成　文国樑

李卓佳　胡晓娟

序

我国池塘养鱼有着悠久的历史，远在三千多年前的殷末周初就有池塘养鱼的记载。世界上最早的养鱼著作《养鱼经》，就是公元前460年左右的春秋战国时期由我国养鱼历史上著名的始祖范蠡根据当时池塘养鲤的经验写成的。几千年来，我国人民在生产实践中积累了丰富的养鱼技术和经验。

近30年来，我国的水产养殖业发展迅速。2012年，我国淡水池塘养殖面积256.69万公顷、水库养殖面积191.15万公顷、湖泊养殖面积102.48万公顷、河沟养殖面积27.48万公顷，池塘养殖面积占淡水养殖总面积的43.45%。淡水鱼类养殖产量2334.11万吨，其中草鱼产量478.17万吨、鲢产量368.78万吨、鲤产量289.70万吨、凡纳滨对虾产量69.07万吨、河蟹产量71.44万吨。在满足水产品市场供应、保障国家粮食安全、增加农民渔民就业和收入等方面都发挥了重要作用，也为世界渔业发展作出了重要贡献。

"以养为主"的渔业发展模式，不仅符合我国国情，而且突破了世界渔业发展过分依赖天然渔业资源的旧模式，拓展了我国渔业发展的空间，走出了一条有中国特色的渔业发展道路。目前，我国水产养殖业正从传统养殖向健康养殖转变，由数量增长型向效益增长型转变。节水、高效、生态、健康型养殖模式已成为我国水产养殖业的主体。实践证明，科技进步是渔业发展的根本出路，必须加快渔业科技创新步伐，加速渔业科技成果的转化与推广，将经济增长转到依靠科技进步和劳动者素质提高上来。因此，推广经济价值较高的养殖鱼类品种，普及健康养殖技术，加强病害防治技术，就成为我国水产养殖业可持续发展的一项重要任务。

淡水鱼类养殖是适合在农村推广发展的致富项目之一，具有广阔的发展前景。化学工业出版社组织编写《水产高效健康养殖丛书》，结合当前淡水养殖业的发展趋势和养殖种类的区分，特别设置8个分册，包括《淡水鱼高效养殖与疾病防治技术》、《黄鳝高效养殖与疾病防治技术》、《泥鳅高效养殖与疾病防治技术》、《龟鳖高效养殖与疾病防治技术》、《河蟹高效养殖与疾病防治技术》、《南美白对虾高效养殖与疾病防治技术》、《克氏原螯虾（小龙虾）高效养殖与疾病防治技术》、《鳜鱼高效养殖与疾病防治技术》，不仅讲解了常见淡水鱼类的养殖与疾病防治技术，而且涉及目前比较热门的几种特种淡水鱼类，既涵盖了草鱼、青鱼、鲢、鳙、鲤、鲫、鳊的常规养殖鱼类的高效健康养殖与疾病防治技术，又涵盖了鳜鱼、黄鳝、泥鳅、龟、鳖、虾、蟹等名特优新养殖品种的高效健康养殖与疾病防治技术。

《水产高效健康养殖丛书》系统性强、语言通俗易懂、内容科学实用、操作性强，并结合养殖对象的疾病防治技术配套彩图插页，图文并茂，有利于读者的知识积累和实践应用，符合水产养殖业者的阅读需求。丛书的编著者不仅是专业知识扎实的专家，而且在实践中积累和总结了较丰富的经验和技术。在丛书的立意中强调选项以优质养殖对象为主，内容以技术为主，技术以实用为主。丛书的问世，无疑将成为推广淡水鱼类高效健康养殖和疾病防治技术的水产科技工作者和养殖业者养殖致富的好帮手，也为水产养殖等专业的科技人员和教学人员提供了有益的参考。

由于许多技术仍在不断完善的过程中，难免有不足之处，希望读者指正并提出宝贵意见，以便在丛书再版时予以修正。

2014 年 1 月

丛书总主编简介

汪建国，中国科学院水生生物研究所研究员、中国科学院大学教授、博士研究生导师。主要从事鱼病学、寄生原生动物学和水产健康养殖学等的研究。主编和参与编写的著作 20 余部；发表学术论文 100 余篇。在科学研究工作中，作为主要贡献者的科技成果获奖项目有中国科学院重大科技成果奖、湖北省科学技术进步奖、中国科学院科学技术进步奖、中国科学院自然科学奖、河南省优秀图书奖等。

前言

　　南美白对虾具有个体大、生长快、环境适应性好、抗病力强、饲料营养要求低的特点，因此，对它的养殖生产可打破地域的限制，适宜大范围推广，既可在热带、亚热带的沿海滩涂地区进行一年多茬养殖，也可在咸、淡水交汇的低盐度河口区养殖，还可在一些盐碱地区养殖，甚至在水源充足的江河流域、淡水湖周边地区均可开展养殖生产。目前，南美白对虾养殖已遍及全国众多省份，养殖规模不断扩大，养殖产量逐年增加。近年来，我国对虾养殖产量连年保持高产、稳产，2010 年达到了 138.0 万吨、2011 年为 147.9 万吨、2012 年 160.8 万吨，其中南美白对虾的产量分别占全国对虾养殖总产量的 88.6%、89.6% 和 90.4%。可见，南美白对虾在我国对虾养殖产业的地位是举足轻重的。随着南美白对虾养殖的迅猛发展，也随之出现了一系列的问题，例如苗种种质退化、新型病害频发、外源污染日趋严重、养殖用地受到挤压、养殖技术有待更新与推动等。

　　我国地域辽阔，可适合养殖南美白对虾的区域广，养殖模式也多种多样。为了使各地的养殖从业者因地制宜开展南美白对虾健康养殖生产，本书重点介绍了目前国内主要采用的高位池养殖、滩涂土池养殖、低盐度淡化养殖、越冬棚养殖等多种对虾养殖模式，总结了适用于各种养殖模式的高效养殖技术流程、环境调控、病害综合防治等共性技术，并针对不同模式的特点提出了专用技术。本书既是对养殖生产实践经验的总结和梳理，同时，也结合了近年来的科研成果，提出了先进的、易掌握的实用技术，目的是指导广大养殖从业者掌握和运用健康养殖新技术。

　　本书所编著的内容大多来自编著者团队的研究成果，部分引用了已发表的论文和论著，考虑到理论和实践的结合，书中既有对相关技术参数的原理性说明，也有在养殖生产实践中的经验和教训。本书内容通俗易懂、深入浅出、实用性强，既可为广大对虾养殖从业者提供指导，也可供水产养殖专业的师生、有关科技人员及管理人员参阅。

限于编著者的学识水平，书中不妥之处在所难免，敬请广大读者指正。

编著者
2014 年 2 月

目录

第一章
南美白对虾的生物学基础

南美白对虾，学名为凡纳滨对虾（*Litopenaeus vannamei* Boone，1931）（彩图1），是一种广温广盐性的热带虾，俗称白肢虾（white leg shrimp）、白对虾（white shrimp），国内曾经也翻译为万氏对虾、凡纳对虾。分类上属于节肢动物门（Arthropoda）、甲壳纲（Crustacea）、十足目（Decapoda）、游泳亚目（Natantia）、对虾科（Penaeidae）、滨对虾属（*Litopenaeus*）。本章将对南美白对虾的养殖特点与发展历程、生物学结构特征及其生态习性等进行介绍。

第一节　南美白对虾的特点与养殖发展历程

一、南美白对虾的特点

南美白对虾原产于美洲太平洋沿岸水域，主要分布在秘鲁北部至墨西哥湾沿岸，以厄瓜多尔沿岸分布最为集中。与中国明对虾（*Fenneropenaeus chinensis*）、斑节对虾（*Penaeus monodon*）、墨吉明对虾（*Fenneropenaeus merguiensis*）、长毛明对虾（*Fenneropenaeus penicillatus*）等我国传统的对虾养殖品种相比，南美白对虾具有个体大、生长快、环境适应性好、抗病力强等特点，更适宜进行集约化高产养殖。

1. 环境适应能力强

南美白对虾在人工养殖条件下生长速度快、养殖周期短，80～140天即可达到上市商品虾的规格。而且对不同养殖水体环境的适应能力极强，盐度在0～40的范围内均可正常生长，因此，可采用纯淡水、半咸水、海水等多种模式进行养殖生产；同时，南美白对虾对水体温度的适应范围也较好，温度为15～36℃时可存活，在 $23\sim32℃$ 下生长良好；对 pH 的适应范围可达到 $7.3\sim9.0$。正是由于南美白对虾具有如此宽阔范围的环境适应性，所以，对它的养殖可打破地域的限制，实现大范围的推广。南美白对虾既可在热带、亚热带的沿海滩涂地区进行一年多茬养殖，也可在咸淡水交汇的低盐度河口区进行养殖，还可在一些盐碱地区域养殖，甚至在水源充足的江河流域、淡水湖周边地区均可开展养殖生产。

2. 饲料营养要求低

南美白对虾属杂食性种类，对动物性饵料的需求并不严格，饲料蛋白要求相对较低，蛋白质的质量百分比含量达到 $20\%\sim30\%$ 即可正常生长；并且对饲料转化效率高，一般在池塘正常养殖的饲料系数为 $0.8\sim1.5$，有利于控制和降低养殖生产的饲料投喂成本。

3. 适宜高密度养殖

南美白对虾相比其他种类对虾而言，还具有耐低氧的特性，水体溶解氧含量低至 1.0 毫克/升时还可存活。加之它的群体性较好，属于喜游动的虾类，个体间的领地意识不强，活虾相互蚕食的现象不严重，较为适宜进行集约化高密度养殖。通常在设施条件一般的土池，可放养虾苗 4 万～6 万尾/亩；在进排水系统、增氧系统、排污系统等硬件设施较完备的高位池，可放养虾苗 10 万～15 万尾/亩。经过 $3\sim4$ 个月的养殖，成活率一般可达到六七成以上，土池半精养产量可达 $300\sim500$ 千克/亩，高位池精养产量可达 $750\sim2500$ 千克/亩。

4. 产业链完善

南美白对虾的繁殖周期长、繁殖效率高，幼体成活率也相对较高，在人工条件下可周年进行苗种生产，这为养殖生产的开展提供了充足的苗种来源。此外，它还具有较好的抗逆性，在离水条件下存活时间长，养殖成虾的出肉率高，可达到 65% 以上，既适宜收捕活虾出售，也可进行集中加工，制成冷冻虾、虾仁、肉糜等成品或半成品对虾产品上市出售。正是由于以上的各种优点，南美白对虾从种苗、养殖、加工、销售的整个产业链较为完善，产品供给充足，市场售价适中，国内外消费市场广阔，整个产业经济效益回报良好。这也有利于推动产业发展，形成产业与市场间的良性循环。

二、我国南美白对虾养殖的发展历程

南美白对虾的规模化健康养殖将我国的对虾养殖产业由萧条期推向了繁盛期。1992 年之前我国主要养殖的对虾品种为中国明对虾、斑节对虾、日本囊对虾、墨吉明对虾、长毛明对虾等，当时全国的对虾养殖产量达到 20 多万吨。但自 1993 年对虾白斑综合征病毒病流行暴发，我国的对虾养殖产业受到了空前的打击，绝大部分养殖场对虾病害严重，全国的对虾养殖产量从近 21 万吨急剧下降到 1994 年的 6.3 万吨，随着微生物调控养殖环境为核心的健康养殖技术和病害综合防控技术的研究发展，我国对虾养殖生产逐步复苏发展，1999 年养殖对虾产量达到 17.1 万吨。南美白对虾规模化养殖的大面积铺开，加之配套了以微生物调控为核心的健康养殖技术，我国的对虾养殖产业重新回到了高速发展的轨道。2001 年我国对虾养殖产量迅速提升到了 30.4 万吨，随后通过南美白对虾低盐度淡化养殖技术的应用与推广，全国再次掀起了对虾养殖的新浪潮。近年来，我国对虾产量更是一直保持高产、稳产，2010 年达到了 138.0 万吨、2011 年为 147.9 万吨、2012 年 160.8 万吨，而其中南美白对虾的产量分别占全国产量的 88.6%、89.6% 和 90.4%。可见南美白对虾在我国对虾养殖产业的地位是举足轻重的。

南美白对虾原产于美洲太平洋沿岸水域，自 1988 年由中国科学院海洋研究所从美国夏威夷引进我国，1992 年 8 月人工繁殖获得了初步的成功，1994 年通过人工育苗获得了小批量的虾苗。1999 年深圳天俊实业股份有限公司与美国三高海洋生物技术公司合作，引进美国 SPF〔指不携带特定病原体的（如病毒或微生物等）〕南美白对虾种虾和繁育技术，成功地培育出了 SPF 南美白对虾虾苗，实现工厂化育苗生产。同年，南美白对虾的低盐度淡化养殖在我国广东肇庆获得成功，以有益微生物调控养殖水体环境为核心的健康养殖技术也于同期建立并进行了大面积的应用与推广。随着苗种问题和各种配套健康养殖技术的解决，有力地推动了南美白对虾在我国大面积的养殖生产，养殖规模逐年扩大，取得了显著的经济效益和社会效益。

但是，近两年来，随着南美白对虾养殖的迅猛发展也随之出现了一系列的问题，例如苗种种质退化、新型病害频发、外源污染日趋严重、养殖用地受到挤压等。所以，这也为今后该产业的可持续健康发展提出了新的要求，需要广大的科技人员和养殖从业者应对新的挑战，更新理念，针对各个瓶颈逐一破题、逐一解决，从生态文明、技术更新、质量安全保障、产业结构调整、市场无缝对接等多方面多层次提出创新性的思路和解决方案，为产业发展提供有力的理论和技术支撑。

第二节 南美白对虾的生物学结构特征

一、南美白对虾的外部形态特征

1. 体形

南美白对虾体形呈梭形，身体修长，左右两侧略扁，成体最长可达 23 厘米，体表包被一层略透明、具保护作用的几丁质甲壳，甲壳较薄，正常体色为浅青灰色，全身不具斑纹，体色可随环境的变化而变化。体色变化由体壁下面的色素细胞调节，色素细胞扩大则体色变浓，反之则变浅。虾类的主要色素由胡萝卜素同蛋白质互相结合而构成，在遇到高温或者与无机酸、酒精等相遇时，蛋白质沉淀而析出虾红素或虾青素。虾红素颜色为红色，所以对虾在沸水中煮熟后呈鲜亮的红色。

图 1-1 为南美白对虾的外部形态示意图，图中所示的虾体全长是指从额剑前端至尾节末端的长度；体长为由眼柄基部或额角基部眼眶缘至尾节末端长度；头胸甲长为眼窝后缘连线中央至头胸甲中线后缘的长度。

2. 躯体分部

南美白对虾身体分头胸部和腹部两部分，头胸部较短，腹部发达，头胸部与腹部的长度比例约为 1：3。头胸部由 5 个头节及 8 个胸节相互愈合而成，外部包被一个完整而坚硬的头胸甲（图1-2，图 1-3）；头胸甲前端中部有向前突出的上下具齿的额剑（额角），额角尖端的长度不超出第 1 触角柄的第 2 节，额角上下缘具有齿状

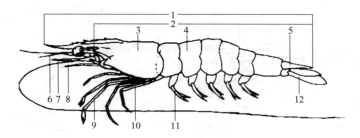

图 1-1　对虾外部形态示意图

1—全长；2—体长；3—头胸部；4—腹部；5—尾节；6—第一触角；
7—第二触角；8—第三颚足；9—第三步足；10—第五步足；
11—游泳足；12—尾扇

突起，齿式为 5-9/2-4。额角两侧生有一对可自由活动的眼柄，眼柄末端着生由众多小眼组成的复眼，用于感受周边环境的光线变化，形成各种影像。头胸甲表面具有若干数量的刺、脊、沟等结构，是进行对虾种类鉴别的重要依据；头胸甲下包裹了对虾的心脏、胃、肝胰腺、鳃等众多脏器，一般以各种脏器的位置为标准将头胸甲划分为多个区，并以此命名甲壳上的刺、脊、沟。南美白对虾的额角侧沟短，到胃上刺下方即消失；头胸甲具肝刺及鳃角刺，肝刺明显。口位于头胸部腹面。

虾体腹部发达，由 7 个体节组成，自头向尾依次变小，前 5 节

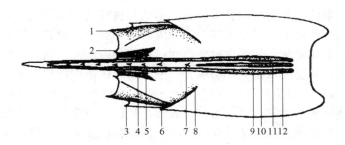

图 1-2　对虾头胸甲背面观示意图

1—额角刺；2—眼上刺；3—颊刺；4—额胃沟；5—额胃脊；6—肝刺；
7—胃上刺；8—颈脊；9—额角侧沟；10—额角侧脊；
11—中央沟；12—额角后脊

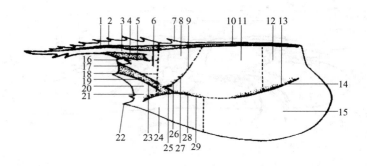

图 1-3　对虾头胸甲侧面观示意图

1—额角侧脊；2—额角侧沟；3—额区；4—额胃沟；5—额胃脊；6—眼区；
7—胃上刺；8—胃区；9—颈沟；10—额角后脊；11—肝区；12—心区；
13—心鳃沟；14—心鳃脊；15—鳃区；16—眼上刺；17—眼后刺；
18—额角刺；19—触角脊；20—触角区；21—鳃甲刺；22—颊刺；
23—眼眶触角沟；24—颊区；25—肝刺；26—颈脊；
27—肝上刺；28—肝沟；29—肝脊

较短，第 6 节最长，最末端的尾节形成尖锐的棱锥形，尾节具中央沟，但不具缘侧刺；整个腹部均外被甲壳，但各体节之间有膜质的关节，使得腹部可自由屈伸。

3. 附肢

南美白对虾共有 20 个体节，除最末的尾节外，每一体节均着生一对附肢，各附肢的着生位置、形状与执行的功能相关。

（1）头部生有五对附肢　第一附肢（小触角）原肢节较长，柄部下凹形成眼窝，基部生有平衡囊，端部分内、外触鞭，内鞭较外鞭纤细，长度大致相等，司嗅觉、平衡及身体前端触觉；第二附肢（大触角）外肢节发达，内肢节具一细长的触鞭，主要司身体两侧及身体后部的触觉；第三附肢（大颚）坚硬，边缘齿形，特化形成为口器的组成部分，是对虾摄食的咀嚼器官，可切碎食物；第四附肢（第一小颚）呈薄片状，为口器的组成部分之一，用于抱握食物辅助进食的器官；第五附肢（第二小颚）外肢发达可助扇动鳃腔水流，是帮助呼吸的器官，同时也是组成口器的部分之一。

（2）胸部八对附肢　包括三对颚足及五对步足，颚足基部具鳃的构造，辅助对虾进行呼吸，同时还具有协助摄食的作用；步足末端呈钳状或爪状，为摄食及爬行器官。

（3）腹部六对附肢　腹部分为 7 节，由于最末一节已经特化形成尾节，不着生附肢，所以腹部共有六对附肢。其中雌雄个体的第一、第二腹肢存在一定的差别，雄性个体的第一腹肢内侧特化形成雄性交接器，在与雌性个体进行交配时用于传递精荚，第二腹肢内侧另外生出小型的附属肢节为用于辅助交配的雄性附肢；雌性个体的第一腹肢内肢变小，以便于交配行为的进行。第六附肢宽大，与尾节合称尾扇，其余腹肢为游泳足，是对虾的主要游泳器官。

游泳时，对虾步足自然弯曲，腹部的游泳足频繁划动，两条细长的触鞭向后分别排列于身体两侧；静伏时步足用以支撑躯体，游泳足舒张摆动，触鞭前后摆动；当受惊时，腹部迅速屈伸并通过尾扇有力地向下拨水，急速跳离原位置。

二、南美白对虾的内部结构特征

南美白对虾的主要内部器官可归类为肌肉系统、呼吸系统、消化系统、排泄系统、生殖系统、神经系统、内分泌系统和体壁（甲壳）等。

1. 肌肉系统

南美白对虾的肌肉主要是横纹肌，肌纤维集合形成强有力的肌肉束。按照功能可划分为躯干肌、附肢肌和脏器肌。从分布而言，主要集中于虾体腹部，这也是主要的食用部位。虾体腹部肌肉强而有力，几乎占据整个腹部，一方面可与附肢配合完成游泳动作，进行不易疲劳的持续性运动；另一方面，通过迅速地收缩和张弛，使尾部快速向腹部弯曲和平直展开，支持整个虾体有力地弹跳运动，从而完成逃避敌害等活动的主要动作。

2. 呼吸系统

南美白对虾依靠鳃进行呼吸，其分布主要集中于虾体头胸部，位于由头胸甲侧甲和体壁构成的鳃腔中。对虾的鳃主要为枝状鳃，有多个，根据着生位置不同可分为胸鳃、关节鳃、足鳃和肢鳃四种。每个鳃由鳃轴、鳃瓣和鳃丝组成，具有较大的表面积以利于气体的交换。鳃内有丰富的血管网，包括入鳃血管、出鳃血管。血液经入鳃血管进入鳃部，在鳃瓣处进行气体交换，吸收水中的氧气，同时排出二氧化碳；富含氧气的血液再经过出鳃血管回流心脏，通过循环系统将氧气输送到体内各种组织器官，供生命活动。

3. 循环系统

南美白对虾的循环系统（图1-4）包括心脏、血管、血窦和血液，属于开管式的循环系统。心脏位于头胸部，靠近消化腺背后侧的围心腔中，呈扁平囊状，外包被一层称为心包膜的结缔组织，从甲壳外即可清楚地看到其有节律地跳动。动脉由心脏发出，每条动脉再分出许多小血管，分布到虾体全身，最后到达各组织间的血窦。血窦相当于对虾的静脉，包括围心窦（又称围心腔）、胸血窦、背血窦、腹血窦及组织间的小血窦，血窦负责收集来自各个组织器官的静脉血，汇流进入鳃血管进行气体交换，从而形成血液循环。对虾的整个循环系统担负着输送养料与氧气、二氧化碳及代谢废物的作用。

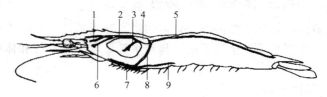

图 1-4　对虾的循环系统

1—眼动脉；2—前侧动脉；3—肝动脉；4—心脏；5—背腹动脉；

6—触角动脉；7—胸下动脉；8—胸动脉；9—腹下动脉

4. 消化系统

南美白对虾的消化系统（图1-5）包括消化腺和消化道两大部分。

肝胰腺是对虾主要的消化腺，位于头胸部中央位置，是一个大型致密腺体结构。主要由多级分支的囊状肝小管组成，具有包括分泌细胞（B细胞）、吸收细胞（R细胞）、纤维细胞（F细胞）、肠腺细胞（M细胞）等。肝胰腺的主要功能是通过分泌消化酶，消化、吸收、储存营养物质。

对虾的消化道由口、食道、胃、中肠、直肠和肛门组成。口位于头部腹面，为上唇和口器所包被；口后连接短管状的食道；食道

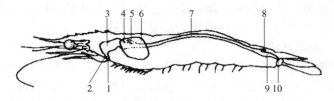

图 1-5　对虾的消化系统

1—口；2—食道；3—贲门胃；4—幽门胃；5—中肠前盲囊；6—肝胰腺；
7—中肠；8—中肠后盲囊；9—直肠；10—肛门

后开口连接于由贲门胃和幽门胃共同组成的胃部，胃具有磨碎食物的作用；食物经胃和消化腺的消化后进入中肠，中肠为长管状，贯穿虾体背部，由中肠前盲囊、中肠、中肠后盲囊三部分组成，在饱食状态时整个中肠呈明显的黑褐色，中肠是对虾消化和吸收营养的主要部位；中肠末端连接短而粗的直肠，食物残渣进入直肠后再由尾节腹面的肛门排出体外。

5. 排泄系统

位于大触角基部的触角腺是南美白对虾的主要排泄器官，它由囊状腺体、膀胱和排泄管组成，主要承担排泄虫体废物的功能，同时还具有一定的调节渗透压和离子平衡的作用。对虾是排氨型代谢动物，代谢废物主要以氨的形式排出体外，也有部分随食物残渣经由后肠和肛门排出体外。

6. 生殖系统

南美白对虾为雌雄异体，生殖器官存在明显的雌雄差异。

雌性生殖系统包括一对卵巢、输卵管和纳精囊。卵巢位于躯体背部，左右两个卵巢对称，与输卵管相连，生殖孔位于第三步足基部；雌性交接器位于第四、第五对步足基部之间，开口内为纳精囊。对虾的纳精囊分为两种类型，具有用于储藏精子的囊状或袋状结构的为封闭型纳精囊，无囊状结构的为开放型纳精囊。南美白对虾属于开放型纳精囊，中国明对虾、日本囊对虾、斑节对虾等则为封闭型纳精囊。

雄性生殖系统包括一对精囊、输精管和精荚囊。精巢位置与卵巢位置相同，其后连接输精管，最后是一对球形的精荚囊，生殖孔开口于第五对步足基部。雄性交接器由第一游泳足的内肢变形相连而构成，中部向背方纵行鼓起，似呈半管形。

7. 神经系统

南美白对虾的神经系统属于链状神经系统，各体节的神经节多出现合并。整个神经系统由脑、食道侧神经节、食道下神经节、纵贯全身的腹部神经索和各种感觉器官组成，司虾体的感觉反射及指挥全身运动。对虾的感觉器官主要有化学感受器、触觉器和眼。其中化学感受器主要感受味觉、嗅觉的刺激；触觉器主要为分布于体壁的各种刚毛、绒毛、平衡囊；成体对虾的眼为一对具有柄的复眼，用于感受光线刺激。

8. 内分泌系统

南美白对虾的内分泌系统由神经内分泌系统和非神经内分泌系统两个部分组成。神经内分泌系统包括脑、神经分泌细胞、X 器官-窦腺、后接索器、围心器等；非神经内分泌系统包括 Y 器官、大颚器官、促雄性腺等。内分泌系统通过分泌各种激素，调控虾体生长、性腺成熟、繁殖活动、色素活动、血液循环与呼吸活动、渗透压调节、协调各系统响应等机体各种生理机能。

9. 体壁

对虾体壁的最外层为由几丁质、蛋白质复合物和钙盐等形成的甲壳，用于支撑身体和保护脏器。甲壳下面是由结缔组织形成的底膜，具有多层上皮细胞。在对虾生长蜕壳时，旧的甲壳被吸收、软化、蜕去，再重新由上皮细胞分泌几丁质逐渐硬化形成新的甲壳。

第三节　南美白对虾的生态习性

在自然海域里，南美白对虾栖息海域的常年水温维持在 20℃以上。成虾多生活于离岸较近的沿岸水域，幼虾则喜欢在饵料生物丰富的河口地区觅食生长。南美白对虾的活动具有一定的昼夜节律，一般白天都静伏在海底，于强光照条件下不安宁，傍晚后活动频繁，常缓游于水的中下层，稍有惊动，马上逃避。所以，只有充分了解南美白对虾的自然特性，由此外延到养殖生产过程的调控与管理，这样才能做到有的放矢，进行科学养殖，提高生产效率，最终取得事半功倍的效果。本节将对南美白对虾生长期间的主要环境因子特点和对虾的生理生态习性进行介绍。

一、环境适应性

1. 水温

南美白对虾在自然海域栖息的水温为 25～32℃，对水温变化有很强的适应能力，但相对而言对高温的变化适应能力要显著强于低温。它在人工养殖条件下可适应的水温为 15～40℃，对高温的热限可达 43.5℃（渐进式升温）。在规模化养殖生产过程中的最适水温一般为 25～32℃，与它栖息的自然海域接近；水温低于 18℃时，停止摄食，长时间处于水温 15℃的低温条件下会出现昏迷状态，低于 9℃时死亡。通常养殖的幼虾在水温 30℃时生长速度最快，个体质量为 12～18 克的大虾于水温 27℃左右时生长较好；养殖水温长时间低于 18℃或高于 33℃时，对虾多处于胁迫状态，抗病力下降，食欲减退或停止摄食。

一般个体规格越小的幼虾对水温变化的适应能力越弱。水温上升到 41℃时，个体长度小于 4 厘米的对虾 12 小时内全部死亡，而大于 4 厘米的对虾部分死亡。如果对水温进行小幅度、长时间的渐进式变化，对虾的温度适应能力会大幅提高。

2. 盐度

南美白对虾是广盐性的虾类，对水体盐度的适应范围为 0.2～34，养殖生产的最适生长盐度为 10～20。在淡水中也可养成，但在放养虾苗时水体必须经过渐进式的淡化处理，直至水体盐度降低到淡水环境。所以，南美白对虾在河口咸淡水区域生长较好，在我国有不少地区采用淡化养殖方式进行南美白对虾的规模化养殖生产，在低盐度水体条件下对虾生长速度较快，原本在海水条件下发生的病害也有所缓解。

3. 酸碱度 (pH)

养殖水体的酸碱度是反应水体质量的一个综合指标，通常以 pH 值标识它的强弱，pH 值越高表明水体的碱性越大，pH 越低则水体酸性越大，当 pH 值等于 7 时，水体酸碱度呈中性。

南美白对虾一般适于在弱碱性水体中生活，pH 值以 7.8～8.3 较为合适。当水体 pH 值低于 7 时，南美白对虾会处于胁迫状态，出现个体生长不齐整，活动受限制，影响正常蜕壳生长；水体 pH 值低于 5 就不利于养殖了。而在过高的 pH 条件下，水中氨氮的毒性将会大大增强，同样不利于对虾的健康生长。

通常养殖池塘水体的 pH 变化与微藻数量、光照强度和水质等因素密切相关，pH 的变化往往也是水体中理化反应和生物活动状况的综合反映。天气晴好时，微藻进行光合作用，吸收利用水中的二氧化碳，释放出氧气，促使水体 pH 值升高；夜晚时分或连续阴雨天气下，微藻的光合作用大幅降低，水体环境中各种生物的呼吸作用和有机物氧化分解，促使水中的二氧化碳浓度不断升高，从而造成 pH 值下降，池水就向酸性转化，在这种情况下可能导致腐生细菌大量繁殖，进而促使对虾病害的发生。

所以，应时常监测养殖水体的 pH 变化情况，若出现异常需及时查找原因并作出科学的应对处理，使对虾在非胁迫条件下健康生长。

4. 透明度

透明度反映了水体中浮游生物和其他悬浮物的数量，是对虾养殖中需调控的水质因子之一。一般在虾苗放养一个月内水体透明度控制在 40～60 厘米为宜，养殖中后期的透明度为 30～40 厘米较好。当池塘中浮游微藻大量繁殖时会造成透明度降低，到养殖中后期水色较浓时，水体透明度甚至小于 30 厘米。透明度过低表明水中浮游微藻和有机质过多、水体过肥，容易促使有害微生物的大量繁殖，或在养殖中后期光照不足的情况下引起水体溶解氧不足，同样严重影响对虾的健康生长。如果池塘水体营养不足，会造成浮游微藻生长不良使透明度增大；如果池塘存在大量丝状藻或底生藻类，会大量吸收水环境中的养分，限制浮游微藻的生长繁殖，令水体透明度明显增大。水体透明度过大阳光直接照射到池底，不利于养殖对虾的安定和健康生长。此外，如果水体的有机物含量过多，或是遇到台风和强降雨天气，雨水将池塘周边的泥水和杂质冲刷到池中，水体透明度也会大幅降低，从而引起水质恶化，同样不利于对虾的健康生长。

5. 溶解氧

水体中的溶解氧 (Dissolved oxygen，DO) 是维系水生生物生命的重要因子，不仅直接影响养殖对虾的生命活动，而且与水体的化学状态密切相关。所以，水中的溶解氧含量是综合反映池塘水体环境状况的一个关键指标，在养殖过程中需予以高度的关注。

如果池塘中放养对虾密度过大、水色浓、透明度过低，水体的溶解氧含量变化也会较大。光照充足的晴好天气下，水中微藻光合作用产氧量大于水体呼吸作用的耗氧量，水体溶解氧含量出现盈余，溶解氧达到较高水平，有时甚至高达 10 毫克/升以上。在夜间或光照强度较弱的连续阴雨天气下，微藻光合作用产氧效率大幅降低，水体中对虾、浮游生物、微生物等各种生物的呼吸作用大量耗氧，溶解氧含量处于较低水平。养殖后期水中的溶解氧含量在黎明前有时甚至可降至 1 毫克/升以下，导致对虾缺氧窒息造成大量死亡。

南美白对虾的缺氧窒息点在 0.5～1.53 毫克/升，个体规格与耐受低氧的能力存在一定的关系，个体越大耐低氧能力越差；在蜕壳生长时，虾体对溶解氧的需求会有所提高，低氧条件不利于其顺利蜕壳，甚至导致死亡。通常在南美白对虾养殖生产过程中，低密度养殖池塘的溶解氧含量应在 4 毫克/升以上，一般不应低于 2 毫克/升；在高密度养殖池塘溶解氧供给需求较高，最好能保持在 5 毫克/升以上，不应低于 3 毫克/升。

二、食性

在自然水域中，南美白对虾的幼体营浮游生活，主要以微藻、浮游动物和水中的悬浮颗粒为食，在虾苗、仔虾阶段也还摄食部分微藻和浮游动物，长到成虾阶段则主要摄食小型贝类、小型甲壳类、多毛类、桡足类等水生动物，另外，还摄食部分藻类和有机碎屑。李卓佳等 (2012) 报道，有研究者指出在完全清澈的实验室水族系统中，仅依靠摄食人工配合饲料的南美白对虾的生长量只是室外养殖系统的一半。究其原因，主要是因为室外养殖池塘环境中含有大量的微藻、微生物及有机碎屑颗粒，池中对虾可摄食各种饵料生物，获得平衡的营养供给，更有利于其健康生长。

在南美白对虾的养殖生产中，配合饲料的蛋白质含量达到25％～30％就足以满足生长需求，这个比例远低于中国明对虾、日本囊对虾、斑节对虾等其他主要养殖对虾种类的需求量。过量提高饲料中的蛋白质含量，不但没有促进虾体对蛋白质的消化吸收，还增加了其体内负担，未完全消化吸收的部分随粪便排出，容易污染水体环境。

在养殖池中南美白对虾的生长速度还与投喂频率密切相关，日投喂频率为 4 次的对虾生长速度较投喂 1～2 次的提高 15％～18％。根据对虾的自然活动习性，可选择在 7:00、11:00、17:00、22:00 进行投喂，一般白天可按日投喂饲料量的 25％～35％进行投喂，夜间为 65％～75％。但也有不同的观点认为，在全人工养殖过程中，池塘水体不存在捕食对虾的敌害生物，在这种条件下对虾的摄食节律可能有所改变，考虑到日间水体光合作用产氧效率高，水体溶解氧充足，也可在日间稍稍加大饲料投喂量。

一般南美白对虾在正常生长情况下，摄食量约占其体重的5％。而在性成熟期，尤其是精巢和卵巢发育的中、后期摄食量会大幅提高，可达到正常生长期的 3～5 倍。所以，在亲虾的培育过程中应根据对虾个体发育适时适量地调整投喂量，同时，可增加投喂一些高蛋白的生物饵料以保证营养物质的充分供给。

三、蜕壳与生长

1. 对虾的生长发育阶段

南美白对虾的生长发育可分为受精卵→无节幼体→蚤状幼体→糠虾幼体→仔虾→幼虾→成虾等七个阶段。其中，仔虾后期以及幼虾之后均属于对虾养成阶段，在此之前的其他阶段均属于幼体发育阶段，需要经历多个幼体阶段，在虾苗培育场中完成。

从受精卵孵化后，需经过无节幼体（6 期）、蚤状幼体（3 期）、糠虾幼体（3 期）和仔虾四个发育阶段，每期蜕皮 1 次，需经 12次蜕皮。

（1）无节幼体分为 6 期（N1～N6），每期蜕皮 1 次，可根据尾棘和刚毛的数量变化鉴别；该阶段躯体不分节，有 3 对附肢，无完整口器，趋光性强，不摄食，依靠自身的卵黄维持生命活动；2 天左右即可由无节幼体变态至蚤状幼体。

（2）蚤状幼体分为3期（Z1～Z3），约每天经历1期；进入蚤状幼体期后，趋光性强，躯体开始分节，形成头胸甲，生出7对附肢，具备完整的口器和消化器官，开始摄食；3天左右由蚤状幼体变态发育为糠虾幼体。

（3）糠虾幼体分为3期（M1～M3），约每天经历1期；幼体的躯体分节更加明显，腹部的附肢开始出现，头重脚轻，在水中呈"倒立"状，摄食能力有所增强，可捕食一些细小的浮游生物；约3天后，由糠虾幼体即可发育进入仔虾阶段。

（4）仔虾阶段的躯体结构基本与成虾相似，不再以蜕皮次数分期，而以经历的天数进行分期，如仔虾第二期为P2；通常到P4～P5后，平均体长达到0.5厘米时，可根据市场需求进行出售、淡化或强化培育；选择虾苗的参考标准为个体粗壮、摄食好、运动能力强、无携带病毒、体表无寄生物，畸形和损伤小于5％，弧菌不超标；强化培育的虾苗生长到规格为平均体长0.8厘米以上时，即可放入到池塘中进行养成。

2. 影响对虾生长发育的主要因素

养殖对虾的生长速度与蜕壳频率和体重增长率密切相关。蜕壳频率是指每次蜕壳的间隔时间，体重增长率为每次蜕完壳后到下次蜕壳前虾体体重的增长数量。对虾的寿命1～2年，其间需蜕壳约50次。对虾蜕壳既受体内蜕壳激素等生理过程的调控，还与虾体体质、病害、环境、营养等因素有密切关系。

（1）水温　温度升高可使对虾的新陈代谢加快，蜕壳频率加快，使得蜕壳周期缩短。当水体温度为28℃时，南美白对虾的幼虾阶段，30～40小时完成1次蜕壳。

（2）月球周期　南美白对虾的蜕壳过程与月亮的阴晴圆缺存在一定的联系。一般在农历每月的初一或十五前后，对虾会大量蜕壳。体重大于15克的对虾，在农历初一或十五前后5天，蜕壳的数量为总数量的45％～73％。

（3）环境因子与营养　南美白对虾蜕壳还与环境因子和营养摄取有关。在低盐度及高水温的条件下，相同时间内的蜕壳次数有所增加，水体环境突然大幅度变化或是在一些化学药物的刺激下，对虾也会产生应激性蜕壳。其次，营养供给是否均衡，也会关系到蜕壳顺畅与否，例如当钙、镁等营养元素的供给量不足时，会使养殖对虾的蜕壳相对延迟，或是在蜕去旧壳后难以重新形成新的坚硬甲壳。

（4）蜕壳的过程　对虾蜕壳多发生在夜间。临近蜕壳的对虾活动加剧，蜕壳时甲壳蓬松，腹部向胸部折叠，反复屈伸。随着身体的剧烈弹动，头胸甲向上翻起，身体屈曲从甲壳中蜕出，然后继续弹动身体，将尾部与附肢从旧壳中抽出，食道、胃以及后肠的表皮亦同时蜕下。刚蜕壳的虾活动力弱，身体防御机能也差，有时会侧卧水底；幼体和仔虾蜕壳后可正常游动。

由于养殖对虾在蜕壳时体弱易被其他同伴所蚕食，所以在生产过程中可通过拌喂功能饲料或勤换水等措施，尽量使同一口池塘内的对虾蜕壳同步，减少个体间相互蚕食的损失。此外，在对虾蜕壳过程时水体溶解氧的供给尤为重要，应提高增氧强度，避免水体缺氧导致蜕壳不畅甚至死亡。

四、池塘养殖南美白对虾的生长特性

南美白对虾的生长速度较快，根据不同的商品虾规格要求一般养殖时间为 80～140 天。在水体盐度 20～40、水温 25～32℃时采取合适的养殖密度，科学投喂饲料、维持良好的环境，从虾苗开始养殖 80～100 天即可达到商品虾的上市规格。但在养殖生产过程中，水体环境对南美白对虾的生长影响明显，例如在水泥护坡沙底高位池、铺膜高位池及滩涂土池等不同的池塘环境中，对虾的生长存在较大的差异。

1. 高位池养殖环境下的对虾生长特性

李卓佳等（2005）对不同类型高位池养殖的南美白对虾的生长情况进行跟踪研究，发现当养殖时间大于 90 天时，铺膜式高位池养殖的对虾无论是平均体长、平均体重还是平均肥满度均显著好于沙底高位池。但养殖时间小于 60 天时，两种类型高位池养殖的对虾体长、体重均无明显差异。究其原因，主要是由于高位池的对虾放养密度相对较高，到了后期养殖代谢产物积累增多且多集中于池底，而沙底池中的细沙颗粒体积小，比表面积大，容易吸附有机碎

屑和滋生病原菌，加上沙底池的底部排污效果不如铺膜池好，池底污物越积越多，底部环境不断恶化，致使对虾因环境胁迫变得生长缓慢，生长速度明显差于铺膜池。所以，在对虾集约化养殖时应采取合理的养殖密度和科学的管理，避免过多的养殖代谢产物沉积池底，造成池底环境严重恶化，影响对虾的健康生长，同时也有利于最大限度地降低养殖风险。

此外，在养殖过程中经常监测对虾群体的生长情况，有利于及时采取相应的管理措施，调整饲料投喂策略。体长和体重是衡量对虾群体生长的重要指标，它们之间存在显著的相关性，符合幂函数的关系特征（表 1-1）。

表 1-1 高位池养殖南美白对虾的体长与体重关系

体重/克 ＼ 体长/厘米	0	0.1	0.2	0.3	0.4	0.5	0.6	0.7	0.8	0.9
0							0.003	0.005	0.008	0.011
1	0.015	0.020	0.026	0.032	0.040	0.049	0.060	0.071	0.084	0.099
2	0.115	0.133	0.152	0.173	0.196	0.221	0.248	0.278	0.309	0.342
3	0.378	0.417	0.457	0.501	0.546	0.595	0.646	0.701	0.758	0.818
4	0.881	0.947	1.017	1.089	1.165	1.245	1.328	1.415	1.505	1.599
5	1.697	1.798	1.904	2.013	2.127	2.245	2.367	2.493	2.624	2.759
6	2.899	3.043	3.192	3.346	3.504	3.667	3.836	4.009	4.187	4.371
7	4.559	4.753	4.953	5.158	5.368	5.584	5.805	6.033	6.266	6.505
8	6.750	7.001	7.257	7.521	7.790	8.065	8.347	8.636	8.931	9.232
9	9.540	9.855	10.177	10.505	10.840	11.183	11.532	11.889	12.252	12.623
10	13.001	13.387	13.780	14.181	14.589	15.005	15.429	15.861	16.300	16.747
11	17.203	17.666	18.138	18.618	19.106	19.603	20.108	20.621	21.143	21.674
12	22.214	22.762	23.319	23.885	24.460	25.044	25.637	26.240	26.851	27.472
13	28.103	28.742	29.392	30.051	30.719	31.398	32.086	32.784	33.492	34.210
14	34.938	35.676	36.425	37.184	37.953	38.732	39.522	40.323	41.134	41.956
15	42.789	43.632	44.487	45.352	46.228	47.116	48.014	48.924	49.845	50.778

在不同个体规格的群体中，南美白对虾的雌、雄个体存在一定的差别。在高位池养殖条件下，当对虾平均体长小于12.2厘米时，雌虾和雄虾的个体肥满度没有显著差异（$p>0.05$），而当平均体长大于12.5厘米，雌雄个体的肥满度则差异极显著（$p<0.01$）。

2. 滩涂土池养殖环境下的对虾生长特性

滩涂土池所养殖南美白对虾的生长率总体呈现前高后低的趋势，这种趋势在体重相对增长率方面尤为明显（表1-2）。表明在养殖前中期对虾生长迅速，此时可根据水体环境情况适量提高营养供给，保证虾体健康生长的营养需求；而在养殖中后期对虾生长相对缓慢的时候，可适当控制饲料的投喂，既可降低过度投喂所造成的饲料浪费，还可减轻水体环境的负担。

表1-2　滩涂土池养殖南美白对虾的相对生长率

养殖天数	体长/厘米	体长相对增长率/%	体重/克	体重相对增长率/%
23	3.14	26.02	0.41	206.33
30	4.10	32.67	0.91	137.91
36	4.87	17.85	1.54	84.49
44	5.83	9.39	2.65	60.18
51	6.60	5.38	3.87	22.92
58	7.32	12.73	5.29	6.73
65	7.99	2.71	6.89	9.13
72	8.62	9.54	8.65	45.37
78	9.11	6.00	10.26	9.24
85	9.65	13.36	12.23	54.50
91	10.09	7.45	13.97	17.65
100	10.70	6.5	16.66	18.68
107	11.13	5.70	18.79	12.36
114	11.53	0.31	20.92	9.61
121	11.91	0.35	23.04	7.53

注：1. 体长相对生长率＝（测量体长－初始体长）/初始体长。
　　2. 体重相对生长率＝（测量体重－初始体重）/初始体重。

在养殖中后期高位池养殖南美白对虾的生长性能要稍差于滩涂土池。选取相同体长的对虾，比较两种池塘养殖对虾的肥满度指数，结果发现当体长大于 9.1 厘米时滩涂土池对虾的肥满度要比高位池的提高 4.1％以上。这可能是由于高位池的对虾养殖密度较高，随着虾体的生长，每尾虾可占有的生长空间和资源量相对低于滩涂土池，形成了一定的拥挤效应，使得虾体的体重增长受到一定的限制。

第二章
南美白对虾高效养殖技术

第一节 养殖前期准备

一、池塘的整理

1. 新建酸性池塘的处理

（1）土池的处理 我国沿海对虾养殖主要地区的滩涂土壤有不少都呈酸性，直接在酸性土壤上建造对虾池塘进行养殖生产，不利于对虾的成活和生长，所以在养殖前应对池塘底质进行处理。一般有如下几种处理方法：一是直接采用养殖工程的方式，建设铺膜池或水泥池，即在池塘底部和池壁完全覆盖 HDPE（高密度聚乙烯）土工膜或浇灌水泥，隔绝土质的影响；二是对池塘土壤进行彻底碱化处理，使池塘底质和水质满足对虾健康生长的需求；三是先进行一定程度的碱化处理，再养几茬经济鱼类，通常鱼类的环境耐受性要好于对虾，通过在鱼类的养殖过程中逐渐完成池塘环境的改良，使得池塘达到对虾养殖的要求。由于第三种方式所需要的时间相对较长，在对虾养殖生产中一般多采用前两种方法。下面以池塘土壤彻底碱化处理措施为例进行介绍。

首先，选择在天气晴好的条件下对池塘底泥进行彻底的翻耕、暴晒，杀灭土壤环境的一些有害生物，同时使得其中的有机物在暴晒条件下得以充分的氧化降解。待底泥暴晒彻底呈干裂状时，引入水源浸泡池塘，期间连续监测水体的 pH 值，等 pH 趋于稳定时记录其数值，并将池内水体排干，再重新进水浸泡池塘，监测水体的 pH 值，反复三四次的进、排水泡洗处理。

然后，施用生石灰配以少量水体改良剂改良池塘土壤，中和其中的酸性物质。生石灰用量为 50～150 千克/亩，具体根据池塘底质酸性程度酌量增减。一两天后引入水源至 1～1.5 米水深，并监测水体 pH 情况。待 pH 趋于稳定后适量加入无机有机复合营养素，调节水体营养水平，培育优良微藻藻相，通过对水体营养和浮游生物的调控提高养殖前期池塘水环境的缓冲能力。养殖过程还应根据水质和天气情况不定期施用沸石粉、白云石粉和生石灰调控水质，使水体环境保持良好，利于对虾的存活与健康生长。

（2）水泥池的处理　新建的水泥池一般在养殖使用前应进行脱碱处理。如果新建水泥池不急于使用的，可引入水源至满水位，浸泡 2～3 周，期间每隔三四天换水一次，起到浸润和清洗的效果，同时也可以检验池塘是否存在渗漏情况。若需要短时间内使用，可先按每亩 1 米水深使用 10～15 千克的用量施放酸性磷酸钠，浸泡三五天后排出池外，再引入新鲜水源对池塘进行浸泡、清洗；或先引入少量水源到池塘，再以 10% 冰醋酸彻底洗刷池底和池壁，然后进水至满水位浸泡一周。经过脱碱处理的池塘应用新鲜水清洗干净，并监测水体 pH 值，待 pH 值满足养殖对虾的适宜范围，才可开展养殖生产。此外，在放养虾苗前，需先用少量虾苗进行试水，观测虾苗的活动和存活情况，确定无不良反应后，再按生产计划进行放苗养殖。

2. 老旧池塘的处理

经过一茬或数年养殖的土池，在上一茬养殖收虾后，应尽快把池中积水排干，暴晒至底泥无泥泞状即可对池塘进行修整。利用机械或人力把池底淤积层清出池外或利用推土机将表层 10～20 厘米的底泥清除，清理的淤泥不要简单堆积在池边护坡上，以免随水流回池塘中。平整池底，检查堤基、进排水口的渗漏及坚固情况，及时修补、加固。池塘清理修整后撒上石灰，再进行翻耕暴晒，使池底晒成龟裂状（彩图 2），杀灭病原微生物及纤毛虫、夜光虫、甲藻、寄生虫等有害生物。对于水泥护坡沙底池，排干水后，先进行暴晒使表层的污物硬化结块后清除到池外，再用高压水枪冲洗，直到池底细沙没有污黑淤泥，池壁无污物黏附即可，然后再翻晒，直到沙子氧化变白为宜。铺膜池和水泥池的清理方法基本相同，利用高压水枪彻底清洗黏附于池底和池壁的污垢。全面检查池底、池壁、进排水口等处是否出现裂缝，及时修补池塘，避免养殖过程中出现渗漏。铺膜池和水泥池均不宜暴晒过度，否则地膜会加速老化，水泥池容易出现裂缝导致渗漏。

二、消毒除害

1. 池塘消毒

在华南地区可选择于清明前天气晴好时进行养殖前的准备。已经过长时间暴晒的池塘可直接引入水源，如果池塘排水不彻底，仍留有少量余水在池塘底部的则应进行彻底的消毒处理。对于土池可根据具体情况施用适量的生石灰、漂白粉、茶籽饼、鱼藤精、敌百虫等药物，杀灭杂鱼、杂虾、杂蟹、小贝类等。通常在放苗前两周选择晴好天气时进行消毒，用药前池内先引入少量水体，有利于药物的溶解和在池中的均匀散布，消毒时应保证池塘的边角、缝隙、坑洼处都能施药到位，消毒彻底；然后排出消毒水，重新进水到养殖所需水位。用茶籽饼或生石灰消毒后无须排掉残液，使用其他药物消毒的尽可能把药物残液排出池外。在养殖生产中可将清淤、翻耕、晒池、整池、消毒等工作结合起来。对于铺膜池和水泥池，可按 30～50 毫克/升的浓度施用漂白粉（有效氯含量约为 30%）消毒浸泡，并用水泵抽取消毒水反复喷洒池壁未被浸泡的地方，使全池得到彻底消毒。池塘浸泡 24 小时后将消毒水排掉，重新进水清洗池底和池壁，排出洗池水，再进水到养殖所需水位。

2. 进水与水体消毒

选择水源条件良好时进水。通常先将水位进到 1 米左右，养殖过程根据池塘水质和对虾生长状况逐渐添加新鲜水源直到满水位为止。在养殖过程中进水不方便的地区，也可一次性进水到满水位，养成期间不再大量排换水，仅适时添加少量新鲜水源。对于未采用沙滤进水系统的水源，应在进水口安置筛绢网，抽水口处筛绢网网孔大小为 40～60 目，池塘进水口处为 80～100 目。如采用高位池进行养殖，并配备沙滤进水系统的水源可直接引入至虾池，一次性进水至水深 1.2～1.5 米。进水完成后施用漂白粉、溴氯海因、二氯异氰尿酸钠、三氯异氰尿酸等水产常用消毒剂进行水体消毒。消毒剂可直接化水全池泼洒，也可采用"挂袋"式的消毒方法。"挂袋"式的消毒方法是将进水闸口调节至合适大小,把消毒剂捆包于麻包袋中,放置在进水口处,水源流经"消毒袋"后再进入池塘,从而起到消毒的效果。对于对虾养殖场密集的地方,应考虑配备一定面积的蓄水池,养殖过程进水时,先把水源引入蓄水池消毒处理后,再引入养殖池中使用。二氧化氯和海因类的消毒剂对多种有害菌、病毒等病原有较好的杀灭作用,但对微藻的损害较小,更有利于下一步水体微藻藻相的培育。

三、前期优良水体生态环境的培养

水体消毒后2～3天,待消毒剂药效基本消失后,施用浮游微藻营养素和有益菌制剂培育基础饵料生物,使水色呈豆绿色、黄绿色或浅褐色,营造藻-菌平衡的良好养殖生态环境,给虾苗或幼虾提供优良的生物饵料,促进虾苗健康生长,提高其成活率和生长速度。一般应在放养虾苗前一周完成此项工作。

池塘底泥有机物丰富或养殖区水源营养丰富的,应选择施用无机复合营养素,同时配合施用一定量的芽孢杆菌制剂。对于新建的池塘或底质贫瘠、水源营养缺乏的,应选用无机有机复合营养素,无机营养盐可直接被微藻吸收利用,有机质成分可维持水体肥力,同时配合施用一定量的芽孢杆菌制剂。2～3周后应再适当追施微藻营养素和芽孢杆菌制剂,以免因微藻大量繁殖消耗水体营养导致后续营养供给不足。

使用粪肥作为有机肥培育水色的,应将粪肥与生石灰混合后发酵3～5天再施用,最好加入芽孢杆菌等有益菌一起发酵,通过有益微生物的充分降解,既可提高粪肥的肥效,还可降低有机质在池塘中的耗氧。粪肥用量不宜过多,要根据池塘的具体情况而定,并配合施用一定量的无机氮磷肥,保证水体营养的平衡。通过配合施用微藻营养素和芽孢杆菌等有益菌制剂,既可为浮游微藻提供即时吸收利用的营养,还可通过有益菌的降解作用,将底泥和营养素中的有机质持续转化为可被微藻利用的营养盐,维持养殖水体中浮游微藻的稳定生长繁殖;同时还可促使有益菌群繁殖成为优势菌群,形成有益菌生物絮团作为养殖对虾的优良补充饵料,并抑制有害菌的繁殖。

第二节　虾苗的放养与管理

1. 虾苗选购

（1）判断南美白对虾虾苗质量的几个常规指标

① 大小规格　虾苗个体全长为 0.8～1.0 厘米。

② 体表外观　虾苗的身体呈明显的透明状，群体规格均匀，虾体肥壮，形态完整，附肢正常，无黑斑和黑鳃，头胸甲无白色斑点，无断须，无红尾和红体现象，体表无脏物附着。

③ 消化道　肝胰腺饱满，呈鲜亮的黑褐色，肠道内充满食物，呈明显的黑粗线状。

④ 游泳活力　游动活泼有力，对水流刺激敏感，无沉底现象，离水后有较强的弹跳力。

⑤ 病原检测　为确保虾苗的质量安全，可委托有关部门检测是否携带大量的致病弧菌及白斑综合征病毒（WSSV）、桃拉综合征病毒（TSV）、传染性皮下及造血组织坏死病毒（IHHNV）、肝胰腺细小样病毒（HPV）、传染性肌肉坏死病毒（IMNV）等对养殖对虾影响较大的特异性病原。

（2）虾苗活力的判别方法　到虾苗培育池观测虾苗的游泳情况，健壮苗种大多分布在水体中上层，而体质弱一点的则集中在水体下层。取少量虾苗通过逆水流实验、抗离水实验、温差实验等检测虾苗的活力情况。

① 逆水流实验　将少量虾苗放入圆形水盆中，顺时针方向搅动水体，如果虾苗逆水流游动或趴伏在水盆底部，说明虾苗的活力较好、体质健康。

② 抗离水实验　将虾苗从育苗水体中取出，放置在拧干的湿毛巾上，包埋 3～5 分钟后再放回育苗水体中，如果虾苗全部存活，表明体质健康。

③ 温差实验　从育苗池取少量水体置于容器中并把水温降低到 5℃左右，将虾苗放入冷水中 5～10 秒钟再放回原育苗水体中，

如果短时间内虾苗可恢复活力，说明体质健康。

（3）虾苗淡化　一般育苗场培育虾苗的水体盐度相对较高，低盐度养殖地区选购虾苗时应提前与育苗场进行沟通，告知养殖池塘水体的盐度、温度、pH值等相关水质信息，要求育苗场在出苗前1～2周开始对虾苗培育水体环境进行调整。为提高虾苗的放养成活率应采用渐进式淡化处理，根据虾苗大小每天淡化的盐度范围不宜超过2，温度变化不宜超过3℃，逐步将育苗水体的水质条件调整到与养殖池塘水体相近。如果育苗水体水质在短时间内调节幅度过大，容易使虾苗体质变弱，放养后的成活率会大幅降低，或造成运输途中虾苗大量死亡。

2. 虾苗运输

一般虾苗的运输多采用特制的薄膜袋。容量为30升，装水1/3～1/2，装入虾苗5000～10000尾，袋内充满氧气，经过5～10小时的运输，虾苗仍可保持健康。运输过程应特别注意温度的控制，可要求育苗场出苗时提前准备，将包装袋水温控制在19～22℃。如果虾苗场与养殖场的距离较远，虾苗运输时间较长，出苗时可酌情降低虾苗个体规格或虾苗袋装苗数量，并将虾苗袋放置在泡沫箱中，箱内放入适量的冰袋控温，然后用胶布把泡沫箱口封扎好，严格控制运输途中的水温变化。同时，还应提前掌握好天气信息，做好运输途中的交通工具衔接，尽量减少运输时间。

二、虾苗放养

1. 放苗时间

南美白对虾对水温的适应性较好，在人工养殖条件下可适应的水温为15～40℃，最适生长温度为25～32℃，当水温高于20℃时即可放养虾苗。以往在华南地区多在清明前后放苗，但近年来4月中上旬前后的气候条件仍不大稳定，时而会出现降雨降温的情况，对虾在这种条件下成活率较低并且容易患病，所以大多数养殖者都将放苗时间推后。

2. 放苗前的准备

（1）水质调节　虾苗的环境适应性相对较弱，在放入养殖水体前应确保水质条件满足虾苗存活和生长的需求。一般来说，养殖水体溶解氧含量应大于 4.0 毫克/升，pH 7.5～9.0，水色呈豆绿色、黄绿色或茶褐色，透明度 40～60 厘米，氨氮浓度小于 0.3 毫克/升，亚硝酸盐浓度小于 0.2 毫克/升，水体盐度和温度与育苗场出苗时的水体接近。

（2）试苗　在放苗前应进行试苗以确定养殖水体条件是否适宜虾苗的存活和生长。先取少量虾苗放入养殖水体中，暂养 8～12 小时，若虾苗存活和活力状况良好，说明养殖水体的水质条件适合，可放苗养殖。

（3）漂袋　主要目的是为了调节养殖水体与虾苗袋的温差。虾苗运到养殖场后，先将虾苗袋漂浮于养殖水体中 30～60 分钟，待养殖水体与虾苗袋的水温基本一致时，再解开虾苗袋的扎口将虾苗放入池塘水体。

3. 放苗密度

科学的放苗密度是保证养殖对虾健康生长的关键之一。近年来的生产实践发现，对虾的发病率与放苗密度有着密切的关系。所以，为保障养殖的成功，取得良好的生产效益，应根据池塘设施条件调控虾苗的放养密度。对于南美白对虾的集约化养殖，高位池养殖的放苗密度应控制在每亩 10 万～15 万尾，滩涂土池养殖和淡化土池养殖的放苗密度应控制在每亩 4 万～6 万尾。如养殖小规格商品虾的可适当提高放养密度，或计划在养殖过程中根据市场需求分批收获的也可依照生产计划适当提高放苗密度，但总体而言高位池的最高不应超过 30 万尾/亩，土池不应超过 12 万尾/亩。

三、虾苗的中间培养

1. 虾苗中间培养的方式

虾苗的中间培养又俗称"标粗"，该措施的应用可有效提高养殖前期的管理效率，提高饵料利用率和对虾的成活率，增强虾苗对养殖水环境的适应能力。

（1）根据放养水体的盐度分为"简单标粗"和"淡化式标粗"

① 简单标粗　主要是针对养殖水体盐度与育苗场出苗水体盐度接近或一致的情况。虾苗运到养殖场后无需再进行淡化处理，只是将虾苗放养至一个相对较小的水体集中饲养 20～30 天，待虾苗

生长到体长 3～5 厘米后再移到养成池中养殖。

② 淡化式标粗　主要是针对经育苗场淡化的虾苗仍不能适应养殖池水的盐度要求，虾苗需要在中间培养（标粗）过程做进一步的"盐度渐降式"淡化处理。即把中间培养（标粗）和淡化两个方面的工作相结合，在中间培养（标粗）前用适量的海水、盐卤水或海水晶（粗盐）调节标粗水体的盐度，使之与育苗场出苗的水体盐度接近，然后放苗进行中间培养（标粗），期间逐渐添加新鲜淡水使水体盐度降低，直到与养殖池塘水体一致。

（2）根据标粗设施的不同分为"池标法"和"围栏法"

① 池标法　主要是利用面积较小的池塘（2～5 亩）中间培养（标粗）虾苗，用于中间培养（标粗）的池塘可以是土池、水泥池或铺膜池，之后将虾苗分疏于多个养成池养殖（彩图 3）。或者在面积较大的养成池中筑堤隔离形成一口小池，在小池开展虾苗中间培养（标粗），之后通过小池围堤的水闸直接进入大池进行养成，这种方式多见于土池。用池标法进行中间培养（标粗）需根据不同养殖方式合理配置标粗池和养成池，一般按水体容积比例为（1:3）～（1:5），虾苗的放养数量亦需充分考虑池塘条件合理安排。在春季气温不稳定，易于受到降温天气影响的地区，应选择在搭建保温棚的池塘进行虾苗中间培养（标粗），保证水体环境的稳定，以利于虾苗的健康生长（彩图 4）。

② 围栏法　主要是在养成池边缘适于管理操作的地方，用 40～60 目的筛绢网（彩图 5）或不透水的塑料布搭建围隔进行虾苗中间培养（标粗）（彩图 6）。围隔容积要视养成池塘条件、计划养殖对虾产量及虾苗放养数量等具体情况而定，面积为养成池水面面积的 10%～15%。待虾苗健康生长至 3～5 厘米时，将围隔撤去便可使虾苗疏散至整个养成池中。这种方法最大的优点就是不必另备标粗池，而虾苗也可集中在养成池内进行有效的管理。

2. 虾苗中间培养的操作流程

（1）中间培养（标粗）前的水体消毒和饵料生物培养　为避免水体环境中致病菌、病毒、有害藻类等病原生物的影响，放苗前一周应对标粗池和水体进行严格的消毒。一般先用生石灰进行池塘消毒，用量可按每亩 100～150 千克施用；两三天后在标粗池中引入新鲜水源，再以漂白粉消毒水体，用量按每亩 1 米水深 5～20 千克施用；放苗两三天开启增氧机，利用暴晒和曝气方式彻底去除水体中的余氯。然后施用微藻营养素和有益菌制剂培育浮游生物和有益菌，一方面有利于为虾苗营造优良且稳定的栖息环境，另一方面水体中的浮游生物和有益菌团粒可为虾苗提供丰富的生物饵料，促进虾苗的健康生长。

（2）中间培养（标粗）时的操作要点　最好在围隔内安置充气式增氧系统，保证水体溶解氧的供给。通常标粗池中的虾苗放养密度为 120 万～160 万尾/亩。中间培养（标粗）过程中投喂优质饵料，前期可加喂虾片和丰年虫进行营养强化，以增强幼虾体质和提高其抗病力。

（3）中间培养（标粗）过程需注意的关键点　中间培养（标粗）过程需注意放苗密度不宜过大、时间不宜过长，待幼虾体长 3～5 厘米就应及时分疏养殖。标粗池水质条件需与养成池接近。把中间培养（标粗）后的幼虾分疏到多个养成池时，应选择在清晨或傍晚进行，避免太阳直射，搬池的距离不宜过长，以免幼虾长时间离水造成损伤。整个过程要轻、快，防止操作剧烈或环境骤变引起幼虾产生应激反应。

第三节　饲料投喂与管理

一、饲料选择

饲料质量是选择对虾人工配合饲料的关键。对虾饲料的产品质量判定包括以下几个方面：①营养配方全面，满足对虾健康生长的营养需要；②产品质量符合国家相关质量、安全和卫生标准；③饲料系数低、诱食性好；④加工工艺规范，在水中的稳定性好、颗粒紧密、光洁度高、粒径均一、粉末少。

有的养殖者认为，对虾人工配合饲料中的蛋白质含量越高越有利于养殖对虾的快速生长。其实不然，首先，饲料配方应根据对虾对蛋白质、脂肪、糖类的实际营养需求确定；其次，不同种类的对虾的营养需求存在差别，一般斑节对虾和日本囊对虾的蛋白需求要稍高于南美白对虾；再次，同一种对虾在不同的生长阶段其营养需求也存在一定的差别。所以，养殖生产过程中一味追求使用高蛋白含量的饲料不但会增加养殖成本，还会给水体环境带来负担。一般南美白对虾饲料基本营养成分组成为：粗蛋白36%～41%（其中动物性蛋白质要大于植物性蛋白质），脂肪含量5%～6%，粗纤维小于6%，粗灰分小于16%，水分小于12.5%（表2-1）。

表 2-1　市售某品牌南美白对虾饲料成分表（%）

养殖模式	饲料型号	营养成分									
		粗蛋白质	粗脂肪	粗纤维	粗灰分	水分	赖氨酸	蛋氨酸	钙	总磷	矿物盐
海水养殖	0号	40.0	4.0	5.0	16.0	12.0	2.10	0.75	4.0	1.0	3.0
	1号	40.0	4.0	5.0	16.0	12.0	2.10	0.75	4.0	1.0	3.0
	2号	40.0	4.0	5.0	16.0	12.0	2.10	0.75	4.0	1.0	3.0
	3号	38.0	4.0	5.5	16.0	12.0	1.90	0.70	4.0	1.0	3.0
	4号	37.0	4.0	5.5	16.0	12.0	1.90	0.65	4.0	1.0	3.0
低盐度养殖	0号	40.0	4.0	5.0	16.0	12.0	2.10	0.75	4.0	1.0	3.0
	1号	40.0	4.0	5.0	16.0	12.0	2.10	0.75	4.0	1.0	3.0
	2号	40.0	4.0	5.0	16.0	12.0	2.10	0.75	4.0	1.0	3.0
	3号	38.0	4.0	5.0	16.0	12.0	1.90	0.70	4.0	1.0	3.0
	4号	37.0	4.0	5.0	16.0	12.0	1.90	0.65	4.0	1.0	3.0

注：表中数字表示饲料中各种营养成分的质量百分比。

二、饲料的投喂时间与投喂量

优质的配合饲料和科学的投喂策略是保证养殖过程中对虾营养供给的两个重要环节。把握好合理的投喂时间、投喂频率和投喂量不仅有利于促进养殖对虾的健康生长，还可降低饲料成本，减轻水体环境负担，提高养殖综合效益。

开始投喂饲料的时间一般要根据放苗密度、饵料生物的数量等因素决定。如果水体中浮游生物数量丰富，可在放苗一周后开始投喂人工饲料；若池塘内的饵料生物数量较少，或放养的是经过中间培养（标粗）的虾苗则应该于放苗当天开始投喂饲料，投喂时可适当增加一些虾片和丰年虫进行营养强化，提高幼虾的健康水平和抗病力。在幼虾生长过程中投喂频率通常为每天 3～4 次，投喂时间分别为 7:00、11:00、17:00、22:00。据叶乐等（2005）研究，饲料投喂频率为每天 3 次时，饲料系数最低，对虾生长良好；当投喂频率升高到每天 5 次时，饲料系数随之大幅升高，对虾的成活率略有降低，生长速度与每天投喂 3 次的无明显差别（表 2-2）。可见，在养殖过程中并非饲料投喂得越勤越好，而应该根据对虾的生理生态习性，适时适量地进行投喂才能取得良好的效果。

表 2-2　不同投喂频率对南美白对虾生长和存活率的影响

指标	分组				
日投喂频率/次	1	2	3	4	5
初始重量/(克/尾)	0.24	0.24	0.24	0.24	0.24
终末重量/(克/尾)	0.86	1.31	1.87	2.04	2.07
增重率/%	258.33	446.60	679.50	750.82	763.35
饲料系数	1.46	1.25	1.11	1.18	1.21
成活率/%	86.67	98.52	95.93	92.22	91.85

养殖过程中还应不定期抛网检查对虾生长情况和存活量，根据池塘对虾的数量和大小规格，结合饲料包装袋上的投料参数确定饲料型号和投喂量（表 2-3）。

表 2-3　南美白对虾饲料投喂量参考

饲料型号	虾体长/厘米	虾体重量/克	日投喂量占虾体重量的百分比/%	日投喂频率
幼虾 0 号	1～2.5	0.015～0.2	7～12	3
幼虾 1 号	2.5～4.5	0.2～1.2	7～10	3
幼虾 2 号	4.5～7	1.2～4.4	3～7	3～4
中虾 3 号	7.0～9.5	4.5～10.9	2～5	3～4

在养殖中后期的日投喂量一般为池内存虾重量的 1%～2%。

每天投喂饲料的分餐比例，可按早上和中午各为 30％，剩余的在傍晚和晚上投喂。投喂饲料时应全池均匀泼洒，使池内对虾易于觅食。

为观察对虾的摄食情况，可在离池边 3～5 米且远离增氧机的地方安置 2～3 个饲料观察网，每次投喂饲料时在饲料观察网上放置约为当次投喂量 1‰ 的饲料，投喂后 1～1.5 小时进行检查，根据饲料观察网的余料情况增减饲料。如果饲料剩余表明投喂量过大，可适当减少投喂量（彩图 7）；若无饲料剩余，当八成以上的对虾消化道存有饲料，肠道呈明显的黑色粗线状，表明投喂量合适（彩图 8）；如果无饲料剩余，而且对虾消化道中饲料少，则应适当增加投喂量。

三、饲料投喂的管理与注意事项

养殖过程中应根据养殖密度、天气、水质和对虾健康状况等情况适当增减投喂量和投喂次数。一般在养殖前期对虾生长快可适当增加投喂量，后期对虾生长相对较慢且水体富营养化程度高，可根据水质和对虾摄食状况适当减少投喂量；气温骤变、暴风雨或连续阴雨天气时少投喂或不投喂，天气晴好时适当增加投喂量；水质恶化时不投喂；对虾大量蜕壳时不投喂，蜕壳后适当增加投喂量。

在台风和强降雨频繁的天气条件下，或春末和秋末气温易发生骤变的时节，可在饲料中适当添加芽孢杆菌、乳酸菌、维生素、中草药、免疫多糖和免疫蛋白等进行拌喂，提高饲料利用率，增强养殖对虾的抗病力和抗逆能力，提升其健康水平。其中芽孢杆菌、乳酸菌、酵母菌等益生菌制剂主要用于促进消化，降低饲料系数，抑制有害菌生长；维生素 C、多维（多种维生素的复合制剂）等维生素制剂有利于提高对虾免疫力，促进正常的生长代谢；板蓝根、黄芪、大黄等中草药用于提升对虾抗病力和抗应激能力，提高养殖成功率，还有一定的促生长作用。拌喂时，先将上述制剂用少量的水溶解，然后均匀泼洒于要投喂的饲料上，搅拌均匀，也可少量添加海藻酸钠等黏附剂，然后自然风干半个小时左右即可投喂。

第四节 养殖水环境的管理

养殖过程水环境管理的核心是保证良好而稳定的水质，维护优良的浮游微藻藻相和菌相，促使水体中的养殖代谢产物及时分解转化，使池塘生态系统的物质循环保持正常，为养殖对虾提供良好的栖息环境和生长环境。

一、养殖前期的水环境管理

1. 封闭式管理

在放养虾苗的一个月之内实施封闭式的水环境管理，不更换和添加新鲜水源。

2. 水体营养补给

通常情况下，放苗1～2周后，由于微藻的大量繁殖，水中的营养盐被快速消耗，水体营养水平大幅降低。所以，为使微藻稳定生长，维持良好水色，需及时补充水体营养，追施微藻营养素。一般养殖前期每隔两周左右追施一次，重复操作1～3次，以选用无机复合营养素或液体型无机有机复合营养素为宜，最好避免使用固体型大颗粒有机营养素。施用微藻营养素的种类及用量应根据产品使用说明和水体中微藻的生长、水体营养状况等具体情况决定。

3. 芽孢杆菌的使用

在对水体营养进行补给的同时还应配合施用芽孢杆菌制剂，既有利于稳定优良菌相，还可促进有机物分解，为微藻提供稳定的营养供给。施用芽孢杆菌时，可把它与花生麸或米糠混合加水培养几小时，然后再全池泼洒。

4. 增氧机的使用

养殖前期池塘中生物量相对较小，通过微藻的光合作用产氧途径，水体的溶解氧含量基本可满足幼虾生长的需求，这个阶段可少开增氧机。此时开启增氧机的目的是为了促进池塘水体的环流和上下水层对流，使得浮游生物及氧气等在水体中均匀分布。但对于采用中间培养（标粗）的虾苗进行养殖或实行高密度集约化养殖的，在养殖前期也应该合理开启增氧机，确保水中溶解氧含量满足对虾生长的需求。

二、养殖中期的水环境管理

1. 半封闭式管理

养殖中期（30～70 天）实施半封闭式的水环境管理。前期池塘水位未加满的，此时可根据水源质量、池塘水质、对虾健康水平等情况，适时适量地逐渐添入新鲜水源直至满水位。每次添加水量不宜过大，需保持水体生态环境的相对稳定，避免对虾产生应激或受刺激而非正常蜕壳。

2. 有益菌的使用

（1）定期施用芽孢杆菌促进养殖代谢产物快速降解，促进优良微藻的繁殖与生长，维持良好藻相，促进有益菌形成生态优势，抑制有害菌的滋生。以池塘水深 1 米计算，施用有效菌含量为 10 亿/克的芽孢杆菌制剂，每次施用量为 1.0～1.5 千克/亩，每隔一周施用 1 次，直到养殖收获。

（2）根据水质和天气情况施用光合细菌。光合细菌主要用于吸收水体中的氨氮、亚硝酸盐、硫化氢等物质，减缓水体富营养化，平衡微藻藻相，调节水体 pH 值。以池塘水深 1 米计算，施用有效菌含量为 5 亿/毫升的光合细菌液体制剂，每次施用量为 3.0～5.0 千克/亩，每 10～15 天施用 1 次。

（3）根据水质情况施用乳酸菌。乳酸菌主要用于分解小分子有机物，吸收水中的氨氮、亚硝酸盐等物质，抑制弧菌、净化水质、平衡微藻藻相，保持水体清爽。以池塘水深 1 米计算，施用有效菌含量为 5 亿/毫升的乳酸菌液体制剂，每次施用量为 2.5～4.5 千克/亩，每 10～15 天施用 1 次。

（4）不同种类有益菌的生理、生化特性各有不同，养殖过程中可根据水质的具体情况将它们进行科学的搭配施用，通过有益菌的协同作用增强水质净化效率。例如，在微藻生长不良时可选择将芽孢杆菌、乳酸菌、光合细菌配合施用，利用芽孢杆菌快速降解池塘中的有机物，乳酸菌或光合细菌则起净化水质的作用，同时菌剂培养液中的其他营养成分可被微藻利用，促进藻细胞的生长繁殖。

3. 水体营养调节

养殖过程中往往存在种种因素（如强降雨、台风、温度骤降、消毒剂使用不当等）会导致浮游微藻大量死亡，水体透明度突然升高，水色变清，俗称"倒藻"或"败藻"，此时，可施用芽孢杆菌、乳酸菌等有益菌制剂和微藻营养素，及时降解死藻，净化水质，补充微藻生长所需的营养，重新培育良好藻相。"倒藻"情况严重的，可先将养殖池塘水体排出一部分，再引入新鲜水源或从其他藻相优良池塘引入部分水体，增加池塘微藻密度，再进行"加菌补肥"的操作。此时，微藻营养素以无机复合营养素或液体型无机有机复合营养素为宜。

对于增氧设施完备、养殖管理水平较好的集约化养殖池塘，可考虑从养殖中期起合理添加一定量的可溶性有机碳源（糖蜜、蔗糖）（彩图 9、彩图 10），用以调节水环境的营养平衡，促进异养细菌的生长，提高异养细菌丰度和水体微生物群落的物质转化效率，同时为养殖对虾提供丰富的生物饵料，降低饲料系数，使池塘中富集的氮营养得以循环利用。

4. 合理使用理化型的水质和底质改良剂

在合理运用有益菌调控技术的基础上，采取一些理化辅助调节措施，科学使用理化型水质和底质改良剂，促使养殖代谢产物通过絮凝、沉淀、氧化还原、络合等理化作用得到有效处理，达到清洁水质、改善水体环境的效果。养殖过程常用的理化型水质和底质改良剂，包括 pH 调节剂（生石灰、腐殖酸）、吸附剂（沸石粉、麦饭石粉、白云石粉）、增氧剂（过氧化钙、双氧水）、离子调节剂（活性钙、镁离子制剂）等。对于河口地区的淡化养殖池塘，由于水体中的钙离子、镁离子含量偏低，在养殖过程中、后期时，可使用一些钙离子、镁离子制剂，以满足对虾对钙、镁离子的需求。

5. 保证水体溶解氧的供给

养殖中期对虾生长到一定规格，随着池中生物量的增大，溶解氧的消耗不断升高，需要增强水体的供氧。一方面，维护优良的微藻藻相，促进微藻的稳定生长，通过微藻的光合作用提高水体溶解氧的含量；另一方面，配合微藻光合作用的增氧效应，加强增氧机的开启，一般在天气晴好的白天可少开增氧机，但在夜晚至凌晨阶段以及连续阴雨天气时，应保证增氧机的开启，确保水体中溶解氧日均含量大于 4 毫克/升以上。

6. 套养少量鱼类优化水体环境

根据不同地区水质情况可在对虾养殖池塘放养少量的罗非鱼、鲻鱼、草鱼、革胡子鲶、蓝子鱼、黑鲷、黄鳍鲷、石斑鱼等杂食性或肉食性鱼类，摄食虾池中的有机碎屑和病死虾，起到优化水质环境和防控病害暴发的效果。在选择混养鱼类品种时，应该充分了解当地水环境的特点，了解所拟选鱼类的生活生态习性、市场需求情况，并针对计划放养的鱼、虾密度比例及放养方式进行小规模试验，然后综合考虑各方面的因素，选择适当的方式进行套养。在盐度较低的养殖水体可选择罗非鱼、草鱼、革胡子鲶等，盐度稍高的水体可选择鲻鱼、蓝子鱼、黑鲷、黄鳍鲷、石斑鱼等。

三、养殖后期的水环境管理

1. 半封闭式管理

养殖后期（70 天至收获）根据池塘水质情况和水源质量，实施有限量水交换，每次添（换）水量为池内总水量的 $5\% \sim 15\%$。引入池塘的新鲜水源最好经过过滤、沉淀或消毒处理，避免进水时带来污染和病原。维持池塘水环境的稳定，减少对虾应激反应和感染病害的概率，提高养殖生产的成功率。

2. 保证水体溶解氧的供给

养殖后期（70 天至收获）对虾个体相对较大，池内总体生物量和水体富营养化程度高，应该保持水中溶解氧的稳定供给，尤其需防控夜晚至凌晨时分出现对虾缺氧。这个阶段增氧机应全部开启，只是在投喂饲料的一两个小时内稍微降低增氧强度，保留一两台增氧机开启，减少水体剧烈运动以便对虾摄食。此外，在气压低、连续阴雨天气的夜晚，还可适量施用过氧化钙和双氧水等化学增氧剂，增强增氧效率，短时间内提高水体的溶解氧含量，满足养殖对虾的溶解氧需求。

3. 浮游微藻藻相的调控

养殖后期随着饲料投喂量和养殖代谢产物不断增多，水体容易形成以蓝藻为优势的浮游微藻藻相，水色较浓，呈暗绿色或蓝绿色，水体透明度低，可见较多悬浮性颗粒物，在池塘下风处出现油漆状蓝绿色漂浮物，可闻到异味。这种水体环境的富营养化水平高、水质恶化、颤藻和微囊藻等有害蓝藻优势度高，对虾生长缓慢，容易诱发病害，造成养殖对虾成活率低，甚至大量死亡。

对此，可选用如下技术措施进行调控。

① 当水源条件良好时适量换水，缓解水体环境负荷。

② 施用沸石粉澄清水体，配合施用过氧化钙改良水质和底质环境。

③ 协同施用乳酸菌和芽孢杆菌、光合细菌和芽孢杆菌，视情况轻重每隔 3 天左右施用 1 次，反复 2～3 次，促进代谢产物的分解和转化。

④ 加强水体增氧措施，可在机械增氧的同时配合施用适量的化学增氧剂，强化增氧效果。

⑤ 晴好天气时还可适量施用二氧化氯、溴氯海因等消毒剂杀灭蓝藻，再排出部分底层水，添加新鲜水源，施用环境改良剂和水体解毒剂，待水体相对稳定后施用芽孢杆菌和无机复合微藻营养素重新培育优良藻相。

4. 养殖水体的应激处理

养殖中后期遇到天气突变情况（台风、强降雨、气温骤变）和采取拉网式分批收获对虾时均容易造成对虾产生应激反应，如果不及时处理容易引发对虾病害甚至大量死亡。针对养殖水体的应激处理可采用如下措施。

（1）台风和强降雨天气的处理　短时间内大量降水，一方面会使海水养殖池塘水体盐度骤然变化，或形成盐跃层、温跃层使得水体上下分层；另一方面会使池塘周边的泥、沙和其他杂质顺着水流进入池中导致水体浑浊，造成水体环境突变。对此，首先可根据天气预报情况提前排出一部分水体，在强降雨时加强增氧机的开启，打破水体分层；待天气稍稍稳定后，及时施用过氧化钙、沸石粉和白云石粉等水质改良剂，稳定水体 pH、澄清水质；随后配合施用腐殖酸、络合剂、维生素 C 或葡萄糖等抗应激类的调节剂，稳定水体环境。

（2）气温骤变的处理　由于温度骤变刺激，对虾容易出现大量蜕壳。低温条件下，对虾基本不摄食，造成机体营养补充不足，引起大量软壳虾。此时，可适量施用钙离子制剂，提高水体中易被吸收的钙离子含量；同时配合施用维生素 C 或葡萄糖等抗应激调节剂，稳定水体环境。

（3）提高对虾抗应激能力　　在关注对水体环境应激处理的同时，最好在环境突变前后对养殖对虾实施营养免疫强化，例如在饲料中拌喂益生菌（乳酸菌制剂）和免疫增强剂（中草药、免疫多糖、免疫蛋白等），提高对虾抗应激能力。

除上述情况外，养殖后期的其他水环境调控措施，如有益菌制剂的使用、水体营养的调节和理化型水质改良剂的使用等，对促进养殖池塘系统生态功能，优化和稳定水质，同样极其重要。相关技术要点均与养殖中期相同，可参考操作，在此就不一一赘述。

第五节　日　常　管　理

一、日常管理的基本要求

日常管理工作是否到位是决定养殖成功与否的关键。养殖过程应及时掌握对虾、水质、生产记录及后勤保障等方面的情况，并落实有效的应对管理措施。作为养殖管理人员每天须做到至少早、中、晚三次巡塘检查。

观察对虾活动与分布情况，及时掌握对虾摄食情况，在每次投喂饲料后 1～2 小时观察对虾的肠胃饱满度及摄食饲料情况。定期测定对虾的体长和体重，养殖中后期每隔 15～30 天抛网估测池内存虾量，及时调整不同型号的饲料，决定收获时机，安排生产。观察中央排污口是否漏水，每天在中央排污口处仔细观察是否有病死虾，估算死虾数量。

观察水质状况，决定是否需要换水，调节进排水。每天测定温度、盐度、pH、水色、透明度、溶解氧等指标，每周监测氨氮、亚硝酸盐、硫化氢等指标，定期取样检测浮游生物的种类与数量，采取措施稳定水中的有益藻相，防止有害浮游生物的大量生长。

饲料、药品做好仓库管理，进、出仓需登记，防止饲料、药品积仓。养殖过程所用渔药须严格依照国家相关标准的规定，严禁使用禁用药物，应选用残留小、用量小的高效渔药。相关产品须具备兽药生产许可证、批准文号、产品执行标准等相关证照。严格遵守渔药说明书的用法用量，保证药物使用的间隔期、休药期和轮换制。

每天检查增氧机的开启情况，检查增氧机、水泵及其他配套设施是否正常运作，定期试运行发电机组。清除养殖场周围杂草，保障道路通畅。

二、养殖生产记录

做好养殖有关的记录（如虾苗来源、放苗量、进排水、水色、施肥、发病、用药、投料、收虾等），整理成养殖日志（表 2-4、表 2-5、表 2-6、表 2-7），以便日后总结对虾养殖的经验、教训，实施"反馈式"管理，建立对水产品质量可追溯制度，为提高养殖水平提供依据和参考。

表 2-4　虾场放苗记录表

虾苗来源		是否有检疫证	
弧菌数量		虾体活力情况	
病毒情况	白斑综合征病毒（WSSV）□ 桃拉综合征病毒（TSV）□ 传染性皮下及造血组织坏死病毒（IHHNV）□ 对虾肝胰腺细小样病毒（HPV）□ 传染性肌肉坏死病毒（IMNV）□		
塘号	面积	放养虾苗量	混养品种及数量

表 2-5　水产养殖用药记录表

时间	处方号	池号\面积	药名	成分	用量	处方人	备注

表 2-6 养殖水质记录表 (年 月)

池号	时间\项目	pH	溶解氧	透明度	盐度	水温	氨氮	亚硝酸盐

表 2-7 水产养殖生产记录 (年 月)

池塘编号：　　　　　；养殖面积：　　　　　亩；养殖品种：　　　　　；混养品种：

饲料来源		检测单位	
饲料品牌		检测单位	
苗种来源		是否检疫	
投放时间		检疫单位	

时间	体长	体重	投饵量	水温	溶解氧	pH 值	氨氮	亚硝酸盐	备注

注：备注中填写天气、换水、用药、移池、饲料型号及突发情况等信息。

第六节　收获与运输

一、收获

　　对虾养殖受气候、市场等因素影响较大，生产中应注意规避风险，当对虾养殖到上市规格，应及时了解市场信息，根据市场价格选择合适的时机收获对虾，以获得理想的经济效益。供应对虾加工厂加工出口的或直接以活虾方式出关的商品虾，在收获前需对养殖对虾进行抽样检测，以保障成品对虾的品质和质量安全。一般可采用一次性收获，在有条件的地方也可采取捕大留小式的分批收获的方法，增加经济效益。

1. 收虾方式

　　（1）一次性收获　当同一养殖池中对虾规格较为齐整，收购商所需对虾数量较大时可采用一次性收获。通常先进行排水将池塘水位降低到 0.5～0.8 米，再利用拉网或电网的方法起捕养殖池中的所有成品对虾。其优点在于起捕较为便利，无须担心因收获时养殖池塘环境发生剧烈变化而引起存池对虾应激或死亡，较适宜为集约化对虾养殖企业所采用。

（2）捕大留小式的分批收获　当养殖池内对虾规格差异较大，而市场虾价又相对较高时，为保证养殖生产的经济效益，可适时采用捕大留小的方式进行分批收获。一般所使用的方法有大网孔式拉网法和装笼收虾法，其主要目的均是通过控制捕获工具的孔径，使大规格的成品对虾得以留在网、笼中，而个体较小的对虾可顺利通过所设置的孔径，留存于养殖池内。网、笼的孔径大小应视预计收获对虾的规格而定。

当批对虾收获后，应该注意避免因收获时养殖池塘水质、底质环境剧烈变化引起存池对虾的应激或死亡。所以，一般在对虾起捕后需对养殖水体或底质进行消毒，避免原来沉积于池底的有害物质重新进入养殖水体中危害存池对虾的存活。所使用消毒剂的方法和用量可参照本章关于池塘消毒方法的内容。

2. 收虾方法

一般主要采用"拉网"和"电网"两种方法，"网笼收虾"多用于捕大留小的分批收获方式，或用于虾蟹和虾鱼套养池塘。

（1）拉网收虾　对于池底平坦无障碍物的中、小型养殖池，采用拉网方式收虾最为适宜，但拉网时应根据对虾数量和虾池结构特点，选择合适的地方进行放网和收网。一般每张网由两个人进行操作，每次拉网收虾应该控制在 200～400 千克，以免因对虾数量过多造成相互挤压，影响所收获对虾的品质（彩图 11）。

（2）电网收虾　电网收虾是在拉网方式的基础上改进而成的。在普通拉网上安装脉冲电装置，利用脉冲电形成电场，当对虾受到电刺激后，其活动能力将暂时减弱，易于收捕（彩图 12）。

（3）网笼收虾　网笼收虾时应事先准备好适宜的网笼。网笼呈镂空的柱状，主体以金属条制备圈型骨架，以网衣包裹而成，网衣孔径的大小要视所收获对虾的具体规格而定，一般为 3～4 厘米（彩图 13）。通常将网笼安置在距离养殖池堤岸 3 米左右处，开口与堤岸相对，开口处另设一道网片。待对虾沿池边游泳时进入网笼内，大规格对虾由于网衣阻隔留于笼内，而小规格对虾可顺利通过网衣回到池内。具体的收获时间、网笼数目需根据计划捕获的对虾数量而定。收捕前 12 小时内应停止投喂饲料，待起捕前 2～3 小时在安放网笼的水域投喂饲料，引诱对虾聚集进入网笼内，待对虾收获后再全池投喂饲料（彩图 14）。

二、对虾产品的运输

1. 活虾运输

（1）常用活虾运输方法　常用的活虾运输方法有充氧带水运输和保湿无水运输，为保证收获商品虾的鲜活度，对运输的设施和收获装运均有一定的技术要求。

① 充氧带水运输　将收获的活对虾迅速转入敞开式或封闭式的带水容器，使用充气机、水泵喷淋，直接充入氧气保证容器中水体的溶解氧供给。同时，通过冷风机或冰块严格控制水体温度18～22℃，暂时降低对虾的活力，实现活虾运输。

② 保湿无水运输　将收获的活对虾迅速装入隔热性良好的容器中，采用保湿材料盖住虾体，使虾体表面保持潮湿，配以冷风机或冰块降低温度，将温度稳定控制在 15～18℃，暂时降低对虾的活力，实现活虾运输。

（2）运输活虾过程应注意的事项

① 活虾质量　选择规格均匀、体表清洁、体质健壮、附肢齐全、无伤病、活力好的同一品种对虾，其品质应符合 GB 2733 的规定。

② 运输用品安全　装运过程应注意保证装运对虾的清洁、卫生，因此，首先应注意用水、用冰的卫生，淡水虾用水应符合 NY 5051 的规定；海水虾用水应符合 NY 5052 的规定；用冰应符合 SC/T 9001 的规定。对于海水虾还应该加入与对虾原生地水体盐度相同的海水，采用加冰降温则应按所加冰块重量加入相应的海水晶，使盐度保持稳定，避免因水体盐度淡化造成对虾渗透压调节不平衡而影响对虾的品质。其次，装运容器、工具也应保持洁净、无污染、无异味，在装运前应进行灭菌消毒，禁止带入有污染或潜在污染的化学药品。在运输过程中应保证水质稳定。

③ 低温运输　起运前宜采用缓慢降温方法对待运活虾进行降温，温度宜控制在 15～18℃，南美白对虾的水温以 18℃左右为宜。为保证低温运输，运输时应采用保温车运输，调节温度至对虾的休眠温度。若无控温设备，温度高时可用冰袋降温。此外，还应避免在虾只大量蜕壳期间装运。

2. 冰鲜虾的运输

对虾起捕后，迅速置于冰水中 1～2 分钟，然后放入装有碎冰的泡沫箱中，用保温车进行运输。用水、用冰应符合国家相关标准的要求，其中淡水虾用水应符合 NY 5051 的规定；海水虾用水应符合 NY 5052 的规定；用冰应符合 SC/T 9001 的规定。对于海水虾还应该加入与对虾原生地水体盐度相同的海水，采用加冰降温则应按所加冰块重量加入相应的海水晶，使盐度保持稳定，避免因水体盐度淡化造成对虾渗透压调节不平衡，从而影响对虾的品质。

第七节　养殖尾水的生态化处理

目前，国内绝大多数养殖场（包括土池养殖和高位池养殖）不论是养殖过程还是养殖结束后的尾水大多未经任何处理就直接向周边环境排放，日积月累将导致近海和江河水域营养物质负载不断增大，远远超过了海区和江河水生态系统的自净能力，导致养殖水源水质下降，缩短养殖场和养殖区域的使用年限。所以，我们始终呼吁和推动对养殖尾水进行生态净化处理，实施无害化排放，既有利于对虾养殖与良好生态环境的和谐共存，又有利于提升养殖区的环境自净功能，提高养殖场地的生产性能。下面将就利用排水沟渠对养殖尾水生态链式净化处理进行介绍（图 2-1）。

一、用于净化养殖尾水的生物种类

李卓佳等（2006）和文国樑等（2009）提出对虾集约化养殖排放水中的主要污染源为 COD（化学耗氧量）、无机氮、无机磷和颗粒悬浮物等。所以，在选择净化养殖尾水的生物时需根据养殖生产实际、水体中污染物的组成特点、不同种类生物的生理生态特性，通过筛选处于不同生态位的生物进行合理组配，形成生态链式的生

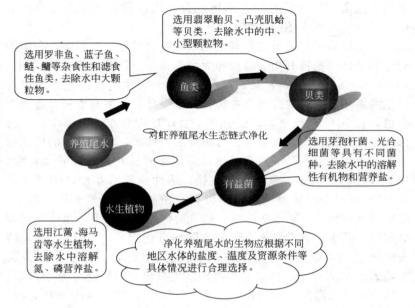

选用翡翠贻贝、凸壳肌蛤等贝类，去除水中的中、小型颗粒物。

选用罗非鱼、蓝子鱼、鲢、鳙等杂食性和滤食性鱼类，去除水中大颗粒物。

鱼类

贝类

养殖尾水

对虾养殖尾水生态链式净化

选用芽孢杆菌、光合细菌等具有不同菌种，去除水中的溶解性有机物和营养盐。

有益菌

水生植物

选用江蓠、海马齿等水生植物，去除水中溶解氮、磷营养盐。

净化养殖尾水的生物应根据不同地区水体的盐度、温度及资源条件等具体情况进行合理选择。

图 2-1　对虾养殖尾水生态链式净化流程示意图

物净化系统，有利于大幅提高养殖尾水的净化效果。

罗非鱼、蓝子鱼、鲢、鳙等杂食性和滤食性鱼类可用于去除水中的有机碎屑、残余饲料等大颗粒污染物及水体中大量的浮游生物。文国樑等（2009）提出罗非鱼优先滤食大型桡足类，还可滤食水体中的浮游藻类，通过"有机物和无机营养盐—浮游生物—罗非鱼"的生态链，可有效净化水质。

翡翠贻贝等耐污性强、滤食量好、环境适应能力强、滤水率高的贝类，通过"有机物和无机营养盐—浮游生物及微生物团粒—滤食性贝类"的途径，滤食和清除养殖尾水中的中小型浮游生物和有机碎屑，可达到净化水质的效果。

有益菌中的芽孢杆菌和光合细菌，其生理生态性能存在一定的差别。其中芽孢杆菌能将大分子有机物分解成小分子有机物和氨基酸并加以吸收利用，光合细菌不能分解大分子有机物，但对小分子有机物和氨氮、硫化物等无机营养有较好的吸收效果。因此，根据不同有益菌的特点将它们合理地配合使用，形成水质净化叠加效应，可有效增强水体的净化效果。

水生植物可以大量吸收养殖尾水中富含的氮、磷营养，在华南对虾养殖区可选择利用海马齿和大型海藻——江蓠。海马齿（*Sesuvium portulacastrum*）又名滨水菜，是一种生长在海边沙地或盐碱地的多年生匍匐性肉质草本植物，茎多分支，匍匐生长，常节上生根，长 20～50 厘米，广泛分布于全球热带和亚热带海岸，在我国多见于广东、广西、福建、海南等沿海地区，具有良好的环境耐受力。李色东等（2007）在将海马齿漂浮种植在对虾精养池塘中，用于吸收养殖水体中氨氮、硝酸盐、活性磷等营养盐；梁晓华等（2009）研究表明将海马齿漂浮种植在南美白对虾养殖排放水中，植株可良好生长，对水体的氮、磷有较强的净化能力，水体净化效果明显。其中，对无机氮 3 天的去除率可达到 60％以上，14 天的去除率达 93％以上；对无机磷 3 天的去除率为 70％以上，14 天的去除率达 90％以上。江蓠是一类经济大型海藻，广泛分布于热带、亚热带和温带海区，在我国的广东、广西、福建、海南均有分布。有些品种可出芽繁殖，不需要利用孢子进行幼苗培育，藻体可直接用来作为种苗，栽培方法比较简单，可在海水、半咸淡水塘中存活和生长。李卓佳等（2007，2008）用细基江蓠繁枝变种（*Gracilarla tenuistipitata* Var. *liui*）净化养殖对虾排放水，可有效去除水体中的氮、磷。

二、排水沟渠中的养殖尾水生态链式净化 ●●

1. 生物净化模块设置

（1）沟渠设置 可在养殖区外设置一条长约 1000 米、宽 5～10 米、深 1～1.5 米的尾水排放沟渠，并在沟渠两端设立闸口，一端与养殖区的尾水排放管道衔接，另一端为沟渠排水口。尾水进入沟渠后将两端闸口封闭，使水体中的大型颗粒物得以静置沉淀，澄清水质。

（2）净化生物 可选择芽孢杆菌、光合细菌、适宜养殖水体环境的大型藻类或草本植物、滤食性或杂食性鱼类、滤食性贝类为净化养殖尾水的生物（彩图 15）。

（3）生物区划及生态链组合　鱼区→贝区→有益菌区→水生植物区。

2. 净化效果

养殖尾水排入沟渠后处理1～3天，可取得良好的净化效果。其中贝区的水体颗粒物和浮游生物数量大幅降低。菌处理、菌-鱼-水生植物混合处理对无机磷的去除率分别为77.05％、84.43％；对化学耗氧量的去除率分别为8.82％、17.65％；对总磷的去除率分别为77.6％、83.2％；对凯氏氮的降解率分别为77.05％、84.43％。可见，在养殖区尾水排放沟渠设置多种生物的生态链式净化处理养殖排放水，效果显著（表2-8）。

表 2-8　翡翠贻贝滤食前、后水中颗粒物等的浓度

类别	总颗粒物 /(毫克/升)	颗粒有机物 /(毫克/升)	浮游微藻 /(个/毫升)	浮游动物 /(个/毫升)
对照	86.3±20.9	54.3±5.5	327±75	223±38
小贝	55.8±4.0	41.8±5.0	197±38	93±12
中贝	54.2±9.4	37.8±6.5	117±15	43±15

注：小贝的壳高为 (65.1±6.5)毫米，中贝的壳高为 (91.2±4.8)毫米。

3. 应用实例

实例 1

在广东汕尾红海湾对虾养殖场，将养殖尾水经排水口排到排放沟渠中，先对虾池水和虾池底部排放水进行取样测定水质各项指标以及有益菌的含量，根据测定的结果按数量比例3∶1∶1投放枯草芽孢杆菌、沼泽红假单胞菌和乳酸菌，以补充枯草芽孢杆菌、沼泽红假单胞菌和乳酸菌等有益菌，保持有益菌的数量和优势，提高去除氮、磷和分解有机物的效率。然后，在沟渠中放养规格不小于50克/尾的尼罗罗非鱼，每立方水体的放养量为500千克；同时在沟渠中设置漂浮网笼，网笼内养殖江蓠，每立方水体放养量为3千克。经4小时处理后，取水样进行测定水质各项指标。结果表明，有益细菌处理阶段和混合处理阶段水体无机磷含量分别降低了77.05％、84.43％，化学耗氧量含量分别降低了 18.63％、37.25％，总磷含量分别降低了 77.6％、83.2％，凯氏氮含量分别降低了 37.59％、52.26％，水质净化效果显著（表 2-9）。

表 2-9　汕尾红海湾对虾养殖场沟渠多态位
生物净化各项水质指标　　　单位：毫克/升

水样	化学耗氧量	氨氮	硝酸盐	总无机氮	无机磷	总磷	凯氏氮
虾池水	8.1	0.52	0.72	1.24	0.25	0.26	32.2
虾池底部废水	10.2	0.6	0.14	1.74	1.22	1.25	26.6
有益菌处理后	8.3	1.4	0.084	1.484	0.28	0.28	16.6
菌-鱼-藻处理后	6.4	0.84	0.1	1.05	0.19	0.21	12.7

为保持沟渠内生态环境，每两至四天施加一次枯草芽孢杆菌、沼泽红假单胞菌和乳酸菌，保持有益菌的数量和优势。

实例 2

在广东汕尾市海丰全记水产养殖公司，将 1 号池的养殖尾水经排水口排到排放沟渠中，先对虾池水和虾池底部排放水进行取样测定各项水质指标以及有益菌的含量，根据测定的结果按数量比例4：2：1投放枯草芽孢杆菌、沼泽红假单胞菌和乳酸菌，以补充枯草芽孢菌、沼泽红假单胞菌和乳酸菌等有益菌，保持有益菌的数量和优势，提高去除氮、磷和降解有机物的效率。然后，在沟渠中放养规格不小于 50 克/尾的蓝子鱼，每立方水体放养量为 500 克。同时，在沟渠中设置漂浮网笼，网笼内放养孔石纯，每立方米的放养量为 3 千克，经 5 小时处理后，取水样测定水质各项指标。

结果显示，有益细菌处理阶段和混合处理阶段无机磷含量分别降低了 67.14％、84.29％，化学耗氧量含量分别降低了 19.67％、32.79％，总磷含量分别降低了 63.53％、81.18％，凯氏氮含量分别降低了 38.3％、42.55％，水质净化效果明显（表 2-10）。

为保持沟渠内生态环境，每两至四天施加一次枯草芽孢杆菌、沼泽红假单胞菌和乳酸菌，保持有益菌的数量和优势。

表 2-10　汕尾市海丰全记水产养殖公司沟渠
多态位生物净化水质指标　　　单位：毫克/升

水样	化学耗氧量	氨氮	硝酸盐	总无机氮	无机磷	总磷	凯氏氮
虾池水	9.3	0.42	0.92	1.36	0.35	0.48	36.4
虾池底部废水	12.2	0.6	1.24	1.84	1.4	1.7	28.2
有益菌处理后	9.8	1.2	0.14	1.34	0.46	0.62	17.4
菌-鱼-藻处理后	8.2	0.54	0.21	0.75	0.22	0.32	16.2

第三章
南美白对虾养殖池塘环境调控技术

"养虾重在养水"这是广泛传播于对虾养殖行业的一句箴言。可见，在对虾养殖过程中科学地调控和优化水体环境，维持良好的水质对保证养殖成功率、提高养殖效益具有极为重要的作用。所以，应该根据对虾的生理生态特性和池塘水体生态特点，通过合理施用微藻营养素、有益菌制剂、水质和底质改良剂和增氧设施，及时分解转化养殖代谢产物，构建和维护良好的藻相和菌相，促进池塘内物质与能量流动，营造和维护良好池塘生态系统。这就是南美白对虾养殖池塘环境调控技术的核心。

第一节　对虾养殖池塘内的主要环境因子

养殖池塘内的环境因子主要分为生物和非生物两大类，在非生物类的环境因子中又可分为物理因子和化学因子。本节就与对虾养殖密切相关的水体理化因子和生物因子进行介绍，明确对虾养殖水环境的调控目标。

一、池塘中的主要理化因子

1. 水色

顾名思义，水色指的是肉眼观察池塘水体的颜色情况，它反映的是水中浮游微藻数量的表观状况，往往也是养殖生产中判断水质优劣的直观指标。一般对虾养殖池塘的常见水色包括豆绿色、黄绿色、浅褐色、茶褐色、棕红色、蓝绿色、棕褐色、白浊色、黄浊色、清澈见底等。其中，水色呈豆绿色、黄绿色、浅褐色、茶褐色的为优良水色，水中浮游微藻藻相以绿藻、硅藻为优势种群，适宜对虾健康生长；水色呈棕红色、蓝绿色、棕褐色的为不良水色，浮游微藻藻相以蓝藻、甲藻等有害藻类为优势种群，不利于对虾的健康生长，容易诱发病害的发生；水体呈白浊色表明水体中存在大量的原生动物、浮游动物，因其牧食微藻，导致水中微藻密度较低，白浊水的水体溶解氧含量相对较低，长时间的白浊水色不利于对虾的健康生长；黄浊色表明水体泥沙质较多，多出现在土池养殖中，由于下雨或者地热，泥沙反底所导致；清澈见底表明培养调水措施不当或水质出现异常情况，严重影响了微藻的正常生长与繁殖。

2. 透明度

透明度是反映水体中浮游微藻密度和有机物含量的一个重要指标，在合适的透明度下，养殖对虾可良好生长，虾池水体透明度一般以 30～60 厘米较为适宜。透明度过高表明水体营养水平偏"瘦"、浮游微藻密度低、水中有机物少，容易诱发池塘底生丝藻的大量繁殖，影响优良微藻藻相的培养。再者，在过于清澈的水体中光照强度大，对虾容易产生应激反应，不利于其健康生长。透明度过低表明水体中浮游微藻和有机物过多，水体过肥，容易促使有害微生物的大量繁殖，或在对虾养殖中后期光照不足的情况下引起水体溶解氧不足，同样严重影响对虾的健康生长。

总体而言，南美白对虾养殖池塘的透明度和水色应该以"肥"、"活"、"嫩"、"爽"为好，培养和维护以绿藻、硅藻等为优势的微藻藻相，并使微藻密度维持在合适的数量水平，可为对虾提供优良的生长环境，这是保证对虾养殖生产的重要条件之一。

3. 溶解氧 (DO)

水体溶解氧的含量是决定对虾养殖成败的关键因子之一，对虾养殖水体的溶解氧应该保持在 3 毫克/升以上，最好能达到 5 毫克/升以上。溶解氧影响着池塘中对虾、水生动植物及绝大部分微生物的生命活动，同时对水环境中有机物的降解转化也具有重要作用。溶解氧的来源主要有两个途径，一是微藻的光合作用产氧，二是空气中的氧气溶入水体中。其中以微藻光合作用产氧对水中溶解氧含量的贡献较大，李卓佳等人认为其贡献率可达到 60% 以上。在养殖池塘微藻藻相优良的情况下，微藻在晴好天气的光合作用产氧效率较高，可使水体溶解氧含量达到 10 毫克/升以上，甚至处于过饱和状态。而在夜间微藻光合作用停止时，池塘中所有生物均进行呼吸作用，水中的溶解氧含量随之大幅降低，养殖中后期深夜至凌晨期间的水体溶解氧可降至 1 毫克/升，甚至更低的水平。

基于上述说明，为保证养殖水体溶解氧的供给，需要做好以下几项工作：一是培养和维持水中优良的微藻藻相，强化其光合作用产氧的生态功能；二是在养殖过程中及时降解转化养殖代谢产物，减少池塘中的有机物含量，降低因有机物氧化分解而引起的溶解氧消耗；三是科学使用增氧机，提高水体中氧气的溶解效率和扩散程度；四是监测夜间养殖水体的溶解氧水平，在溶解氧不足的情况下合理使用增氧剂，通过化学增氧的方法迅速提高水体溶解氧的含量。

4. 氨氮与亚硝酸盐 (氨氮 NH_3-N、NH_4^+-N；亚硝酸盐 NO_2^--N)

过高的氨氮和亚硝酸盐对于养殖对虾而言是有毒、有害的物质。水体氨氮浓度过高会损害对虾的肝胰腺等组织器官，降低机体组织的携氧机能或引起对虾的应激反应，在水体 pH 较高时氨氮的毒害作用更为严重，养殖过程中最好将氨氮浓度控制在 0.5 毫克/升以下。亚硝酸盐可经对虾的鳃丝进入血液，对机体组织造成损伤或引起对虾缺氧，导致其窒息死亡。相比较而言，亚硝酸盐对虾体的毒害作用比氨氮更大，但在不同的水质条件下虾对亚硝酸盐的耐受能力有所区别，在海水养殖条件下水中亚硝酸盐浓度为 2 毫克/升时对虾仍可正常生长，而在淡化养殖条件下亚硝酸盐浓度高于 0.5 毫克/升即可能引起对虾发生应激反应而死亡，出现养殖生产中俗称的"偷死"现象。因此，综合养殖生产实际需求，一般建议将亚硝酸盐浓度控制在 2 毫克/升以下。

养殖水环境中的无机氮存在形式包括有：氨氮、亚硝酸盐（NO_2^--N）、硝酸盐（NO_3^--N），其中氨氮又分为离子态铵（NH_4^+-N）和分子态氨（NH_3-N）。这几种氮化合物可在不同的条件下通过氧化还原反应进行相互转化。虾池中的氨氮和亚硝酸盐主要来源于池塘中各种生物的残体、养殖代谢产物和有机碎屑的降解，在其发生硝化反应不完全的情况下就会引起水中氨氮、亚硝酸盐含量的升高。所以，为有效防控水中氨氮和亚硝酸盐过高而毒害养殖对虾，首先应科学使用微生物，及时降解转化养殖代谢产物，减少池中的有机物含量，防止在环境中积累过多的不完全硝化反应产物，降低水中氨氮和亚硝酸盐的含量；其次是保证水体溶解氧供给，使水中的氮化合物得以进行充分的氧化，使之通过完全的硝化作用形成对养殖对虾无害的硝酸盐形式；再者，通过培育和维持优良的微藻藻相，利用微藻的吸收转化，使无机氮进入池塘生态系统的物质循环，降低水中氨氮、亚硝酸盐含量。

5. 酸碱度 （pH）

通常 pH 是用于指示水体酸碱的程度，其实它还与水中微藻的生长、溶解氧含量、环境中有机物含量、水中氨氮和亚硝酸盐的毒性等多个因子密切相关。所以，在养殖过程中 pH 可作为初步判断池塘水质优劣的一个重要指标。水体 pH 为 7.8～8.6 时有利于南美白对虾的健康生长。

水中微藻的数量与光合作用效率对水体 pH 的日变化影响较大。当微藻密度较高时，通过光合作用，微藻吸收利用水中的碳酸氢根离子，同时促使水中的二氧化碳和碳酸根离子含量大幅降低并释放出氧气，使水体 pH 不断升高，在天气晴好的午后 pH 值甚至可以升高到 9～10。在夜晚或连续阴雨天气时，光照强度弱，微藻的光合作用效率大幅降低，水中各种生物的呼吸作用远强于微藻的光合作用，导致水中的二氧化碳、碳酸氢根离子、碳酸根离子浓度不断升高，水体 pH 随之降低。所以，在正常状态下水体 pH 的变动情况可直观反映水中微藻的生长及水体溶解氧含量。同时，养殖水体 pH 变化的机制也可以给我们一个提示，即在天气情况不佳、光照不足或水体微藻藻相不良、光合作用受到限制时，可施用光合细菌制剂调控水体环境，提高暗反应式的光合作用效率，能够起到一定的调节水体 pH 的效果。

通常，酸性土质地区的池塘水体 pH 相对较低，养殖中后期水中有机物含量过多、水质不良时 pH 也会相应降低。在低 pH 条件下，水中溶解氧含量往往不足，且容易导致亚硝酸盐和硫化氢的毒性增强，不利于对虾的健康生长。在盐碱地区域的池塘水体 pH 相对较高，或者在养殖过程中施用了生石灰等碱性消毒剂时水体 pH 也会相应增高，高 pH 条件下氨氮的毒性会随之增强。所以，在养殖生产中应该跟踪监测水体 pH 的变化情况，及时采取相应的处理措施，将养殖水体 pH 调节和维持在对虾健康生长的适宜范围。

6. 硫化氢（H_2S）

硫化氢是一种对养殖对虾有强烈毒性的物质，它主要是池塘底部含硫物质在氧气不足的条件下分解产生的，可能会损伤对虾机体组织和细胞，低浓度的硫化氢影响对虾的健康生长，浓度过高将引起对虾死亡。一般应该把池塘水体的硫化氢含量控制在 0.03 毫克/升以下。若池塘硫化氢含量升高时，可施用生石灰、增氧剂等氧化性物质进行应急处理，通过及时的氧化反应可降低硫化氢含量。

7. 化学耗氧量（COD）

化学耗氧量（Chemical oxygen demand，COD）主要是用于反映水体有机物相对含量的一个重要指标。在水化学检测评价系统中，该指标是反映将水体中还原性物质进行彻底氧化时所需要的氧化剂数量，可用于指示水中还原性物质的污染程度。通常，对虾养殖水体中的化学耗氧量含量会随养殖时间的推移而不断升高，这主要是随着养殖代谢产物、水体各种生物的残体和有机碎屑等在池塘不断积累，使得环境中的还原性物质含量不断升高，造成化学耗氧量水平的上升。所以，当水体化学耗氧量较高时，表明池塘环境中富含有机物，可能会引起水体溶解氧被大量消耗，导致对虾缺氧应激或死亡。

二、池塘中的主要生物因子

对虾养殖池塘中除了对虾外，还有微藻、浮游动物、原生动物、微生物、杂鱼、杂虾、杂蟹等多种生物，它们共同构建了池塘水体生态系统的生物圈，不同生物物种间存在着摄食、竞争、寄生、共栖、共生的复杂关系网。下面就影响南美白对虾养殖池塘水体生态环境的主要生物因子进行介绍，以便根据养殖生产实际需要，针对不同的生物因子，提出相应的调控技术。

1. 养殖池塘的主要生物组成

（1）微藻　虾池的微藻主要有绿藻、硅藻、隐藻、金藻、蓝藻、甲藻等几大类。养殖过程中微藻藻相的主要特征有如下几点：①池塘水体环境中的微藻种类数目少于海区水域；②藻相中优势种单一，优势度高，耐污性种类较多，有些为有毒、有害的种类；

③随着养殖时间的延长，池塘内的微藻细胞数量不断升高，到养殖中后期时池中的微藻数量远高于所引入水源中的微藻数量；④养殖后期耐污种类和赤潮种类增多，群落演替具有突发性、时间短、速度快、群落结构不稳定的特点；⑤多样性指数基本可代表其水质情况即水体富营养化程度。

不同养殖模式的虾池在不同的养殖时间，微藻藻相的多样性有所不同。在南美白对虾养殖池中一般有 2～3 个强优势种，环境中的优势种越少其优势度就越高。就生产性能而言，通常以绿藻为优势种的池塘最好，其水质稳定，病害少，对虾生长亦较好；以硅藻为优势的池塘，对虾生长速度快，病害少；以蓝藻、甲藻为优势的水体中，对虾生长缓慢而且容易发生病害。在养殖过程中以培养绿藻为主的绿色水系较好，因为绿藻为主的绿色水系中微藻种群较多，水体生态系统相对稳定，容易保持池水的"活、爽"。而以硅藻为主的褐色水系中微藻种类较为单一，不及绿色水系稳定，容易因气候变化而变动，引起对虾产生应激反应。一般来说，养殖初期池塘的微藻种群多以绿藻、硅藻为主，随着养殖时间延长水体开始出现富营养化，微藻的种类和生物量也随之升高，到养殖后期水体富营养化较高时，优势种多更替为蓝藻等耐污性强的种类。

虾池微藻的多样性不但反映池塘水质的优劣，还与对虾发病程度呈负相关关系，微藻的多样性指数过低容易导致养殖对虾出现不同程度的病症甚至死亡。所以，对虾养殖过程应该一方面构建和养护以绿藻和硅藻为优势的微藻藻相；另一方面则应该提高和维持微藻的多样性水平，避免形成以蓝藻、甲藻等有害微藻为绝对优势的藻相结构。同时，需尽量保持环境的相对稳定，建立和维持优良的微藻藻相，避免采用容易引起环境突发性变化的调控措施，导致水体中的微藻大量死亡，出现"倒藻"，或诱发形成以有害微藻为优势的藻相。

（2）浮游动物 对虾养殖池塘水体中的浮游动物包括轮虫、桡足类、枝角类、原生动物及一些生物的浮游幼虫等（彩图 16～彩图 20）。其中，浮游动物优势种类有许水蚤和臂尾轮虫等，原生动物有毛板壳虫、卵形前管虫、旋急游虫、膜袋虫、栉毛虫、钟虫等，主要是以微藻为食的类群。通常，池塘微型浮游生物种类及多样性会呈现养殖早期低、后期高的规律。浮游动物可作为养殖对虾的优良生物饵料，还能滤食水中的微藻、细菌和有机碎屑，促进养殖环境的物质循环。但如果水体中的浮游动物数量过多，容易引起水体透明度增大、水色变浅、水质变差，导致水体溶解氧缺乏。所以，在池塘水体中保持一定量的优良浮游动物，有利于优化水体环境，促进养殖对虾健康生长。

（3）微生物　微生物在对虾池塘生态系统中主要扮演分解者的角色，降解和转化养殖代谢产物，对推动环境的物质循环具有极其重要的作用。一般按代谢机制可分为异养细菌、自养细菌，或好气菌、厌气菌、兼性厌气菌等；按对养殖的贡献可分为有益菌和有害菌、条件致病菌、致病菌等。在不同的养殖模式池塘、养殖时期、天气条件下，水环境中菌相结构存在差异，优势菌株可能会随着养殖的进行发生演替。韩宁等（2012）认为芽孢杆菌属（*Bacillus* sp.）、嗜冷杆菌属（*Psychrobacter* sp.）、变形杆菌属（*Proteobacterium* sp.）等作为优势菌一直存在于养殖周期中；在台风暴雨季节容易形成以生丝微菌属（*Hyphomicrobium* sp.）、亚硫酸盐杆菌属（*Sulfitobacter* sp.）为优势菌的菌相结构；搭建越冬棚也容易影响虾池的菌相结构变化，搭棚前异养细菌数量少，形成以变形杆菌属、亚硫酸盐杆菌属为优势的菌相结构，搭棚后异养细菌数量增多，形成以嗜冷杆菌属、根瘤菌属（*Rhizobiales* sp.）等为优势的菌相。

研究发现，在整个养殖季中，对虾海水养殖高位池中的异养细菌数量为 $1.4 \times 10^4 \sim 1.4 \times 10^6$ 个/毫升、弧菌为 $1.1 \times 10^3 \sim 5.2 \times 10^4$ 个/毫升、芽孢杆菌为 $1.1 \times 10^2 \sim 4.3 \times 10^3$ 个/毫升。其中异养细菌数量与水体溶解氧间存在显著负相关关系，弧菌数量与 pH 之间存在负相关关系，与化学耗氧量和水体总磷存在显著正相关关系。在河口区对虾淡化养殖土池环境中，水体的细菌数量在养殖前期波动剧烈，到中后期趋于稳定，其中异养细菌数量范围为 $1.8 \times 10^3 \sim 1.2 \times 10^5$ 个/毫升，弧菌为 $1.4 \times 10^2 \sim 4.0 \times 10^3$ 个/毫升，芽孢杆菌为 $1.6 \times 10^2 \sim 1.6 \times 10^3$ 个/毫升；而池塘底泥中的异养细菌数量相对较为稳定（$1.0 \times 10^6 \sim 2.2 \times 10^7$ 个/克），弧菌数量在养殖前期有所升高，到中后期不断降低（$7.0 \times 10^3 \sim 4.7 \times 10^5$ 个/克），芽孢杆菌数量随养殖时间的延长而不断升高（$4.7 \times 10^4 \sim 2.4 \times 10^6$ 个/克）。

所以，在对虾养殖过程中应该根据不同的水体环境特点、菌相结构特征、天气变化等具体情况，科学使用有益菌制剂，既起到分解环境有机物、净化水质的效果，又可对水中菌相进行调节，避免形成以致病弧菌为优势的不良菌相，危害对虾的健康生长。

2. 养殖池塘中主要生物的相互关系

如图 3-1 所示，在对虾养殖池塘的物质循环系统中，养殖对虾是整个系统运转的核心，浮游微藻、浮游动物、微生物、生物团粒、配合饲料、水体营养盐等也均是物质循环过程中不可或缺的重要组成部分，它们之间相互依存、相互转化。养殖过程中对虾主要以配合饲料为食，还摄食环境中由微生物、微藻、有机碎屑等组成的生物团粒，在幼虾阶段也摄食浮游微藻和浮游动物。养殖代谢产物的循环利用是虾池生态系统的关键，微生物起着类似"生物泵"

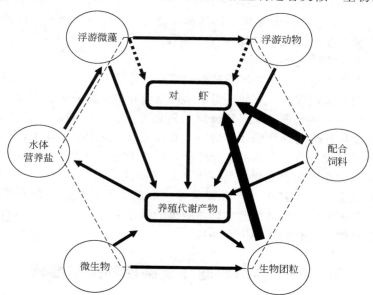

图 3-1　池塘中对虾、浮游生物、微生物及主要
非生物因子间的物质循环关系

的推动作用。代谢产物、残余饲料和浮游生物残体通过微生物的降解，转化成为营养元素，为微藻所利用，进而培养浮游动物；同时，微生物在降解过程中不断增殖，并与其他微小生物和有机碎屑一起形成活性生物团粒。可见，对虾养殖生态系统是一个复杂的生态网，通过科学的调控措施提高养殖代谢产物的循环利用，不仅能促进水体环境的物质循环，减轻养殖池塘的环境负荷，清洁水质和底质，还能节约饲料投入，降低成本，取得良好的养殖经济效益和生态效益。

三、对虾养殖池塘水环境调控的主要目标

1. 池塘水质因子

影响对虾养殖的池塘水质因子较复杂，养殖过程中应根据养殖模式、池塘类型、天气等生产实际情况，并结合国家对养殖水质相关标准（中华人民共和国国家标准 GB 18407.4—2001 和 GB 11607—89，中华人民共和国农业行业标准 NY 5052—2001 和 NY 5051—2001）的具体要求，因地制宜地建立并应用池塘水质调控措施，确保生产的顺利开展。

2. 池塘生态环境调控

对虾养殖池塘生态环境调控的核心是培育和维持良好的微藻藻相和有益菌菌群。一方面是促进水体微藻和微生物的生长繁殖，使之达到一定的数量，既起到分解与转化养殖代谢产物的生态效应，促进水体环境的物质循环，清洁水质和底质，又起到稳定水体环境的效果，提升养殖水体的缓冲性能，以利于应对因天气、突发性事件引起的水质剧烈变化。另一方面是促使优良微藻（绿藻、硅藻）和有益菌（芽孢杆菌、光合细菌等）形成生态优势，压制有害蓝藻、甲藻和致病弧菌等危害虾体健康的病原生物大量繁殖，营造适宜对虾健康生长的良好生态环境。

第二节　养殖池塘环境调控的技术要领

在南美白对虾的养殖过程中，不同的养殖模式与不同类型养殖池塘的水环境调控技术具有一定的共性特点，也存在一定的区别。

本节以南美白对虾的养殖流程为主线，对池塘水环境调控技术的关键环节和相关技术要领进行模块化的介绍。

一、水体环境的常规化处理

池塘和水体是养殖南美白对虾的载体，在放养虾苗前需要进行清洁、整理和消毒，为营造与维护优良的养殖环境提供良好的基础。

首先，应该将池塘清理干净。排干池内水体，清除池底淤泥，对进排水口和池堤进行检查、修整，以防养殖期间水体渗漏。对池塘进行暴晒是有效杀灭池塘中潜藏病原生物的一种方法，尤其是土池或泥、沙底质的高位池，在每茬养殖生产过后容易积聚大量的有机物、有害菌、病毒携带生物及有害微藻等，通过暴晒池塘的方式能有效清理上述诱发对虾病害的病源。对于养殖多年的老化池塘先施用生石灰后再进行暴晒，效果更佳。铺设土工膜的池塘和水泥池可用高压水枪先清洗，再暴晒一段时间，但时间不可过长，以免土工膜和水泥在长时间的干露和高温下出现裂缝。

其次，安全用药杀灭有害生物。根据国家相关规定选择安全高效的渔用消毒药物，杀灭池塘中的杂鱼、杂虾、小贝类，以利于养殖对虾在池塘水体环境中占有绝对优势的生态地位，同时还可杀灭环境中的病原生物。用药的关键是选用安全高效的药物和注意用药的时间间隔，以免药物残留危害对虾的健康生长。

再者，应对水源进行处理，保证用水安全。养殖水源需经过过滤和沉淀后再进入池塘，去除水体中悬浮性或沉淀性的颗粒物及其他一些生物，可减少水源中的杂质和非养殖生物对养殖对虾的影响。水源过滤可采用筛绢网和沙滤等方式。通常筛绢网的孔径可选择 60～80 目，主要用于滤除粒径较大的杂质或生物，具体可根据不同地区水源中需要过滤的对象，选择合适孔径的筛绢网。养殖中常用的沙滤方法主要有沙滤井、沙滤池等，过滤效果与沙粒的大小有直接关系，沙粒粒径越小过滤效果越好，但也越容易被污物堵塞，因此不必一味地追求细沙过滤，而是根据实际需要选择合适的沙粒过滤。

进水时可先进水至 1 米水深，然后在养殖过程中根据水质情况再逐步添加新鲜水源至满水位，也可一次性进水至满水位，具体要根据水域环境特点和水源供应便利情况而定。对于抽取地下水进行养殖的水源应先暴晒、曝气后再使用，去除水中的还原性物质和增加水中的溶解氧。池塘进水到合适的水位再选用安全高效的消毒剂对水体进行消毒，杀灭水中潜藏的病原生物及有害微藻等。

二、有限量水交换

为保持养殖池塘水体环境的稳定，降低外源污染和病害交叉感染的风险，在对虾养殖过程中应该控制换水的频率和换水量，实行前期全封闭、中后期半封闭相结合的有限量水交换模式。通常放苗后 30～40 天内不换水和添水。养殖中期逐渐加水至满水位，每次添加水量不宜过大，需保持水体生态环境的稳定，避免虾产生应激或受刺激而非正常蜕壳。养殖后期根据池塘水体情况和水源质量实行有限量水交换，每次添（换）水量为池塘内总水量的 5%～15%。引入的新鲜水源最好经过过滤、沉淀和消毒处理，避免引入污染物和病原。

科学的水交换管理不仅可有效维持池塘水环境的稳定，还可减少养殖对虾应激反应和感染病害的概率，提高养殖生产的成功率，还能节约水资源，减少添（换）水方面的支出成本，提升综合效益；同时，减少养殖生产对周边水域环境的负面影响，有利于对虾养殖可持续发展。

三、水体环境营养调节

1. 微藻营养素

微藻需要在含有一定量的氮、磷、硅等营养盐的水体中才能良好地生长繁殖，而养殖前期水体中的营养水平相对较低，不利于微藻的生长。因此，为培育优良的微藻藻相，形成一定的水色和透明度，需要科学施用微藻营养素，提高水体的营养水平，促进微藻的生长繁殖。

常见的微藻营养素主要有无机复合营养素、无机有机复合营养素、无机有机生物复合营养素等几种类型。无机复合营养素中含有易溶解不易被池塘底泥所吸附的无机营养组分，包括氮、磷、硅等，不同营养组分的配比合理，符合绿藻和硅藻的营养需求。该类型营养素一般适宜为微藻提供即时利用的营养时使用，或是池底有一定沉积物又或者是水源营养水平相对较高的养殖池塘使用。无机有机复合营养素主要由无机营养盐和有机营养素复配而成，当中的无机营养盐可迅速溶解于水中被微藻直接吸收利用，有机营养素通过水环境生态系统的分解与转化，养分逐渐溶解于水中，保证了微藻营养的持续性稳定供给。该类型营养素适用于水泥池、铺膜池等没有底泥的养殖池塘或者是水源营养贫瘠、新建或养殖时间不长的池塘。无机有机生物复合营养素是在无机有机复合营养素的基础上加入有益菌及发酵物，主要是为了促进有机营养组分的分解与转化，保障微藻营养供给的稳定性、持续性和时效性。

通常对虾精养池塘水体中的有机碳含量在养殖前中期相对较高，到养殖中后期大幅下降，水体的碳氮比（C/N）低于 2.0，平均值仅为 1.64，水平偏低，碳营养元素（主要是有机碳）成为了异养细菌生长的限制性因素（图 3-2）。

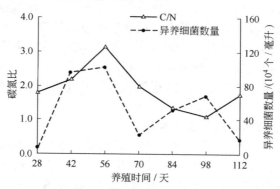

图 3-2 虾池水体碳氮比与异养细菌的数量变动

而此时水环境中的氮营养大量积累，无法通过异养细菌进行充分的降解与循环利用。因此，在对虾集约化养殖过程中适量添加有机碳，提高水体的碳氮比，可有效提高水中异养细菌的丰度，降低水体氨氮浓度，降解转化水体积累的氮元素，促进物质循环利用，改良水质，优化养殖环境；同时，还可提高养殖对虾的生长性能，降低饲料系数，增强机体免疫力。目前常见的碳源有蔗糖、葡萄糖、糖蜜、细米糠、甘蔗渣和木薯粉等。罗亮等（2011）在南美白对虾水族养殖实验系统中添加糖蜜和米糠，养殖 20 天，结果表明，综合对虾的体重增长率、特定生长率、存活率和饲料系数等各项指标，以添加糖蜜的效果较好（表 3-1）。

表 3-1 不同有机碳源对南美白对虾生长的影响

指标	糖蜜组	米糠组	对照组
体重增长率/%	24.84±7.49	18.13±6.71	7.80±0.70
特定生长率/%	1.16±0.31	0.87±0.30	0.40±0.03
存活率/%	97.21±2.61	93.46±5.93	98.96±1.80
饲料系数	1.50±0.34	1.83±0.53	2.84±0.04

2. 放苗前科学施用微藻营养素

一般在池塘进水后的放苗前一周根据不同类型养殖池塘和水源的营养水平状况，合理施用微藻营养素。对于养殖时间较长和底部有机物丰富的池塘，可选用无机复合营养素；对于铺膜池、水泥池等没有底泥的养殖池塘以及新建或底质干净的池塘，可选用无机有机复合营养素或无机有机生物复合营养素。在施用营养素的同时应配合施用一定量的芽孢杆菌制剂，利用有益菌分解转化池塘中的有机物，既可为微藻的生长持续提供营养，又可起到清洁池底环境的效果。

3. 养殖前期追施微藻营养素

放苗 1~2 周后，由于微藻的生长繁殖，水中营养盐被大量消耗，此时应该及时补充追施微藻营养素，保持水体适宜的营养水平，使微藻稳定生长，维持良好水色。一般每隔 7~15 天追施一次，重复操作两三次。此阶段以选用无机复合营养素或液体型无机有机复合营养素为宜，最好避免使用固体型大颗粒有机营养素。具体用量应根据选用产品的使用说明，结合水中微藻的生长情况和水体营养状况等酌情增减。

4. 养殖过程水体营养调控

养殖过程因强降雨、台风、温度骤降、消毒剂使用不当等各种因素影响，可能导致水体中的微藻大量死亡，透明度突然升高，水色变清，俗称"倒藻"或"败藻"。此时，可联合施用芽孢杆菌、乳酸菌等有益菌制剂和微藻营养素，一方面，利用有益菌快速分解死藻残体，促进环境中有机物的降解与转化，为重新培育优良微藻藻相提供良好的环境；另一方面，需及时补充微藻生长所需的营养，重新培育良好藻相。"倒藻"情况严重的，可先排出一部分养殖池塘水体，再引入新鲜水源或从其他藻相优良的池塘引入部分池水，提高水体中微藻的密度，再进行"加菌补肥"的操作。此时，施用的微藻营养素以无机复合营养素或液体型无机有机复合营养素为宜。

　　此外，养殖中后期水体中的碳、氮营养的比例失衡，容易导致氮的大量积累，无法进行有效的循环利用。罗亮等（2011）提出，在南美白对虾集约化养殖过程中，水环境的碳营养在养殖前期升高，中后期逐渐降低并趋于稳定，氮含量则在养殖前期低，中后期不断升高并到达最大值；水体环境中异养细菌的数量与碳营养水平呈极显著正相关的关系。这表明，在对虾集约化养殖池塘水体中，到养殖中后期容易形成碳氮比偏低的情况，而碳营养是限制异养细菌生长的关键因子。所以，对于增氧设施完备、养殖管理水平较好的集约化养殖池塘，可考虑在养殖中后期合理添加一定量的可溶性有机碳源，用以调节水环境的营养平衡，适当提高水体的碳氮比（C/N）水平，促进异养细菌的生长与繁殖，使池塘中富集的氮营养得以循环利用，达到改良水质、优化水体环境的功效（表3-2）。

表 3-2　营养素的种类及适用池塘类型

营养素的种类	适用养殖池塘类型	适用时间	备注
无机复合营养素	池底有一定的沉积物、养殖水源营养水平相对较高的池塘	养殖全程	配合芽孢杆菌等有益菌制剂一同施用
无机有机复合营养素	水泥池、铺膜池等无底泥的池塘；水源营养贫瘠的池塘；新建后养殖时间不长的池塘	养殖前中期	配合芽孢杆菌等有益菌制剂一同施用
无机有机生物复合营养素	各种类型的养殖池塘	养殖全程	配合芽孢杆菌等有益菌制剂一同施用
可溶性有机碳源	增氧设施完备、养殖管理水平较好的集约化养殖池塘	养殖中后期	配合芽孢杆菌等有益菌制剂一同施用

四、有益菌调控技术 ●●

1. 水产养殖常用有益菌

养殖池塘是人工控制的小型生态系统，其中的各种理化因子、生物因子关系复杂，且处于不断地波动变化中。水环境中的微生物是池塘生态系统的重要组成部分，水体及沉积物中的细菌直接或间接受环境内部复杂的理化因子及生物因子的综合作用。随着养殖时间的延长，池塘中有机物含量的不断积累，水体环境趋向富营养化，各种微型生物的生物量不断增加、群落结构相继发生演替。通过正确添加外源有益菌，可优化水体菌相结构，提高菌相的综合代谢活性，促进养殖代谢中间产物的分解，形成并维持以有益菌为生态优势的菌相结构，抑制病原菌的大量繁殖。因此，在南美白对虾养殖过程中，合理使用有益菌制剂调控和优化池塘养殖环境质量，已成为绝大部分养殖者的共识。

近年来，用于水产养殖的有益菌制剂主要有芽孢杆菌、光合细菌和乳酸菌等，虽然也有些如硝化细菌、蛭弧菌、溶藻细菌等其他功能菌剂在小范围内使用，但其规模化和规范化的产业应用还较为有限。

（1）芽孢杆菌　目前，在对虾养殖生产中使用的主要种类有枯草芽孢杆菌和地衣芽孢杆菌。芽孢杆菌能够分泌丰富的胞外酶系，降解淀粉、葡萄糖、脂肪、蛋白质、纤维素、核酸、磷脂等大分子有机物，性状稳定，不易变异，对环境适应性强，在咸淡水环境、pH 3～10、5～45℃均能繁殖，兼有好气和厌气双重代谢机制，产物无毒。

地衣芽孢杆菌 De 株对降解对虾粪便中的化学耗氧量和硝酸盐具有显著的效果，96 小时内对化学耗氧量的平均降解率超过 60％，对硝酸盐降解率则平均在 50％以上，但样品中氨氮、亚硝酸盐、活性磷酸盐的平均降解率均呈负值（表 3-3）。这是因为地衣芽孢杆菌 De 株对有机物具有较好的降解活性，使化学耗氧量明显降低，释放出氨氮、亚硝酸盐、活性磷酸盐，反映出芽孢杆菌具有矿化作用和反硝化作用。在池塘生态系统的物质循环转化中，释放出来的无机营养盐可为微藻所吸收利用，通过"菌藻接力"的生态作用，降低水体中养殖代谢产物的积累，从而避免水环境的恶化。

表 3-3 地衣芽孢杆菌 De 株对南美白对虾粪便的降解率（％）

组别		化学耗氧量	氨氮	硝酸盐	亚硝酸盐	活性磷酸盐
温度/℃	16	64.02± 2.42	−478.95± 14.60ª	47.21± 1.83ª	−33.28± 9.90ª	−206.52± 31.86ª
	21	64.58± 1.65	−878.25± 102.82ᵇ	35.10± 5.45ᵇ	−141.97± 16.52ᵇ	−359.34± 37.63ᵇ
	26	69.23± 1.29ª	−779.65± 74.60ᶜ	51.34± 3.89ᶜ	−80.21± 13.53ᶜ	−106.83± 28.29ᶜ
	31	69.43± 1.19ª	−382.46± 36.57ᵈ	76.52± 4.61ᵈ	−305.77± 48.81ᵈ	−142.21± 21.59ᶜ
虾粪含量/(毫克/升)	5	77.98± 4.69	−438.36± 81.39	74.54± 3.31ª	−651.43± 79.15	−68.63± 24.07ª
	10	71.74± 1.97	−694.31± 72.12ª	56.34± 4.02ᵇ	−677.24± 10.42	−94.13± 12.08ᵇ
	20	66.42± 3.04ª	−729.93± 103.92ª	88.13± 1.19ᶜ	−616.86± 73.83ª	−88.54± 20.23ᶜ
菌浓度/(毫克/升)	1.0	60.98± 0.42	−382.26± 44.75ª	63.43± 2.90ª	−330.15± 20.54ª	−107.51± 4.77ª
	2.5	63.68± 2.41	−406.30± 38.09ᵇ	60.42± 0.98ª	−241.63± 52.20ᵇ	−169.87± 10.57ᵇ
	5.0	71.71± 2.85ª	−937.17± 163.56ᶜ	68.21± 4.43ᵇ	−242.83± 49.99ᵇ	−117.97± 32.90ª
	10.0	69.44± 2.40ª	−1364.30± 58.22ᶜ	74.98± 3.54ᶜ	−518.54± 80.52ᶜ	−144.15± 29.71ᶜ

注：同一列中具有不同字母的存在显著性差异（$p<0.05$）。所用菌剂为地衣芽孢杆菌 De 株的干粉剂，活菌数为 $2×10^9$ 个/克。

芽孢杆菌能够快速降解养殖代谢产物，减少有机物在池底的累积，延缓池底老化，促进有益菌形成优势，抑制弧菌等有害菌的繁殖。在养殖过程中施用芽孢杆菌制剂可有效降低水体中化学需氧量（COD）、氨氮、亚硝酸盐、活性磷酸盐的浓度，促进养殖水体中的良性生态循环。定期施用芽孢杆菌还有利于稳定养殖水体的 pH 值，使之维持在 8.2～8.4 之间，避免因水体 pH 变化过大造成养殖动物应激。同时，还有利于养殖水体形成良好的透明度及水色，促进养殖生物的健康生长。从物质转化的角度分析，芽孢杆菌通过降解池塘中的有机物，使之转化为可被微藻直接吸收利用的无机营养盐或小分子有机物质，促进微藻的生长与繁殖。随着微藻生物量的增长，提升水体光合作用的产氧效率，加之芽孢杆菌对池塘有机物的高效降解和微藻对还原性无机物的吸收，所以施菌的池塘水体溶解氧含量高于未施菌的池塘。

（2）光合细菌　光合细菌是一类有光合色素、能进行光合作用但不放氧的原核生物，能利用硫化氢、有机酸作受氢体和碳源，利用铵盐、氨基酸、氮气、硝酸盐、尿素作氮源，但不能利用淀粉、葡萄糖、脂肪、蛋白质等大分子有机物。它能以光作为能源，通过利用环境中的小分子有机物、硫化氢、氨等进行光合作用，同时还具有多种异养功能，能进行固氮、脱氢、固碳、氧化硫化氢等化学作用，对促进环境中氮、磷、硫的物质循环具有重要的作用。所以，在养殖池塘中施加光合细菌，能够吸收养殖水体中的氨氮、亚硝酸盐、硫化氢等有害因子，减缓养殖水体富营养化程度，平衡微藻藻相，调节酸碱度。

光合细菌可适应温度范围为 $10 \sim 40\,^{\circ}\mathrm{C}$，但在 $20 \sim 30\,^{\circ}\mathrm{C}$ 时活性较好。实际应用中光合细菌的添加量与其对养殖水体的净化效果并非呈正相关关系，这主要与不同的菌种、菌原液浓度及具体的水体环境差异有关。如表 3-4 所示，光合细菌（沼泽红假单胞菌 PS1）对南美白对虾养殖的尾水净化效果显著，但其净化率在一定程度上受到温度和菌浓度的影响。因此，在实际使用时应根据光合细菌制剂的使用说明，并结合养殖池塘水质和天气等具体情况进行科学使用，这样才能取得良好的效果。

表 3-4　光合细菌 PS1 菌株对对虾养殖尾水的净化率（％）

组别		化学耗氧量	氨氮	硝酸盐	亚硝酸盐	活性磷酸盐
温度/℃	16	$7.94 \pm$ 4.14^{a}	$83.72 \pm$ 0.96^{a}	$64.76 \pm$ 1.47^{a}	$-138.60 \pm$ 12.76^{a}	$49.23 \pm$ 2.54^{a}
	21	$12.89 \pm$ 1.55^{b}	$71.99 \pm$ 2.67^{b}	$77.05 \pm$ 0.94^{b}	$-203.46 \pm$ 12.03^{b}	$58.08 \pm$ 3.56^{b}
	26	$9.96 \pm$ 0.37^{ab}	$96.48 \pm$ 0.67^{c}	$73.84 \pm$ 1.87^{c}	$-256.87 \pm$ 8.64^{c}	$64.10 \pm$ 2.14^{c}
	31	$6.09 \pm$ 0.77^{a}	$95.27 \pm$ 0.34^{c}	$84.34 \pm$ 1.28^{d}	$-160.96 \pm$ 11.21^{d}	$49.93 \pm$ 1.68^{a}

续表

组别		化学耗氧量	氨氮	硝酸盐	亚硝酸盐	活性磷酸盐
菌浓度 /($\times 10^5$ 个/毫升)	5	$33.86\pm$ 3.19^a	$89.94\pm$ 0.24^a	$61.03\pm$ 1.83^a	$-62.24\pm$ 2.72^a	$54.92\pm$ 3.27^a
	12.5	$33.88\pm$ 2.83^a	$88.23\pm$ 0.60^b	$54.56\pm$ 1.65^b	$-69.17\pm$ 8.22^a	$66.86\pm$ 1.88^a
	25	$13.03\pm$ 3.87^b	$92.64\pm$ 0.54^c	$80.56\pm$ 1.34^c	$-115.27\pm$ 6.06^b	$65.26\pm$ 2.97^b
	50	$19.31\pm$ 2.84^c	$94.18\pm$ 0.55^d	$65.92\pm$ 0.69^d	$-136.54\pm$ 6.59^c	$63.49\pm$ 2.10^c

注：同一列中标注不同字母的存在显著性差异（$p<0.05$）。所用光合细菌制剂为沼泽红假单胞菌 PS1 液体菌剂，活菌数为 5×10^8 个/毫升。

（3）乳酸菌　乳酸菌是指能从葡萄糖或乳糖的发酵过程中产生乳酸的细菌的统称，属于无芽孢的革兰染色阳性细菌。乳酸链球菌族的菌体呈球状，群体通常成对或成链结构；乳酸菌族，菌体杆状，单个或成链，有时成丝状、产生假分枝。乳酸菌在自然界中广泛分布常见于恒温动物和人的肠胃、牛奶、海产品和一些植物的表面。在工业、农业和医药等与人类生活密切相关的重要领域应用价值较高。

乳酸菌对南美白对虾养殖过程中的残余饲料和养殖尾水等具有良好的净化效果，其中对亚硝酸盐、硝酸盐和活性磷酸盐的净化效果明显，但对氨氮和化学耗氧量的效果不显著。如表 3-5 所示，在对饲料溶解液的净化过程中，随着水体温度和乳酸菌菌浓度的升高，亚硝酸盐、硝酸盐、活性磷酸盐的净化效率不断升高，温度在 30℃时各个指标的净化率分别达到 74.21％、44.60％、74.99％；菌浓度 10^6 个/毫升时净化率分别达到 78.01％、30.52％、78.45％。但是，当水体中的饲料含量过大时，乳酸菌的净化率会有所降低。对于养殖尾水的净化效果，温度和菌浓度的影响与饲料溶解液的净化情况类似。

表 3-5　乳酸菌 LH 对南美白对虾饲料溶解液的净化率（％）

组别		亚硝酸盐	氨氮	硝酸盐	活性磷酸盐
温度 /℃	15	37.38 ± 1.94^a	-44.81 ± 1.17^a	15.66 ± 2.43^a	38.81 ± 2.36^a
	20	55.35 ± 2.15^b	-83.42 ± 1.06^b	25.84 ± 2.83^b	47.34 ± 1.98^b
	25	70.24 ± 1.83^c	-87.87 ± 1.28^c	37.84 ± 2.16^c	69.29 ± 2.59^c
	30	74.21 ± 1.62^d	-96.58 ± 1.41^d	44.60 ± 2.58^d	74.99 ± 1.42^d
	对照	3.36 ± 1.98^e	5.13 ± 1.26^e	7.12 ± 2.38^e	1.21 ± 0.13^e
菌浓度 /(10³ 个 /毫升)	1	45.04 ± 1.79^a	-73.33 ± 1.30^a	20.51 ± 2.08^a	46.15 ± 2.17^a
	10	60.24 ± 1.64^b	-84.95 ± 1.45^b	23.65 ± 2.34^b	52.54 ± 2.78^b
	100	72.75 ± 1.87^c	-93.86 ± 1.62^c	35.45 ± 2.17^c	67.09 ± 2.54^c
	1000	78.01 ± 1.71^d	-88.15 ± 1.78^d	30.52 ± 2.26^d	78.45 ± 1.95^d
	对照	2.34 ± 1.45^e	5.24 ± 1.21^e	2.62 ± 1.03^e	1.61 ± 0.97^e
饲料 含量 /(毫克 /升)	50	47.43 ± 2.04^a	-69.15 ± 2.53^a	24.73 ± 1.45^a	73.33 ± 2.67^a
	100	52.32 ± 1.96^b	-61.65 ± 2.12^b	30.82 ± 2.04^b	76.04 ± 2.13^b
	150	57.67 ± 2.28^c	-44.05 ± 2.76^c	28.71 ± 2.35^b	52.77 ± 2.46^c
	对照	1.57 ± 1.04^d	5.02 ± 2.25^d	8.78 ± 1.45^c	1.83 ± 0.87^d

　　注：同一列中具有不同字母的表明差异显著（$p<0.05$）。所用乳酸菌制剂为植物乳杆菌 LH 液体菌剂，活菌数为 10^{10} 个/毫升。

　　在养殖池塘中使用乳酸菌，不仅可以快速利用溶解态有机物如有机酸、糖、肽等，而且还可以快速降解亚硝酸盐，使水质清新。此外，由于乳酸菌生命活动过程产酸，故还可起到调节养殖水体酸碱度的作用。养殖过程中出现水质老化、溶解态有机物多、亚硝酸盐高、pH 过高等情况时，可施用乳酸菌制剂。

　　2. 有益菌制剂的应用

　　（1）定期使用芽孢杆菌制剂　在虾苗放养前将芽孢杆菌制剂与微藻营养素配合使用。通过使用芽孢杆菌制剂，提高池塘环境中的菌群代谢活性，降解转化池塘中的有机物，例如，池底存留的有机物、藻类营养素中复配的有机物等，使之成为可被微藻直接吸收利用的营养元素，促进微藻的快速生长，达到优化水体环境和为虾苗培育鲜活生物饵料的目的。此外，由于放苗前采取清塘和水体消毒等措施，池塘中微生物总体水平较低，及时使用芽孢杆菌有利于促进有益菌生态优势的形成，既可通过生态竞争抑制有害菌的繁殖生长，还可与其他微小生物或有机碎屑形成有益生物团粒，为虾苗提供优质的饵料。

在南美白对虾的养殖全程应该定期使用芽孢杆菌制剂。一般每7～15天追加施用一次，直到收获。芽孢杆菌制剂使用量按菌剂含芽孢杆菌活菌量10亿/克、水体为1米水深计算，用量为0.5～1千克/亩。其目的主要是维持有益菌在池塘中的生态优势，同时起到增强水环境中菌群代谢活性的作用。通过强化菌群的生态功能，及时降解转化对虾排泄物、残存饲料、浮游生物残体等养殖代谢产物，降低水体富营养化水平，并且通过菌-藻生态链的作用，促进池塘环境的物质循环，达到净化水质，优化对虾栖息环境的功效。

（2）合理使用光合细菌　养殖过程合理使用光合细菌制剂，可平衡微藻藻相，缓解水体富营养化。在养殖中后期随着饲料投喂量的不断增加，水体富营养化水平日趋升高，此时容易出现水色过浓、透明度降低、微藻过度繁殖的状况。光合细菌制剂使用量按菌剂含光合细菌活菌量5亿/毫升、水体为1米水深计算，用量为2.5～3.5千克/亩。通过合理使用光合细菌制剂，利用其光合作用的机制，一方面，可有效吸收水体中的营养盐（尤其是对氨氮具有明显的吸收效果），减轻水体富营养化，优化水体环境质量；另一方面，还可通过生态位竞争防控微藻过度繁殖，避免水体藻相"老化"，调节水色和水体透明度在适宜对虾健康生长的范围。此外，由于光合细菌在弱光或黑暗条件下也能进行光合作用，因此，在连续阴雨天气下科学使用，可补偿因微藻光合作用效率降低带来的不良影响，在一定程度上替代微藻的生态位，起到吸收利用水体营养盐、净化水质、减轻富营养水平的效果。

（3）合理使用乳酸菌制剂　由于乳酸菌具有较强的有机物降解能力，能有效吸收转化水体中的亚硝酸盐，并且在代谢过程中产酸。所以，在养殖中后期出现水体泡沫过多、水中溶解性有机物多、水体老化和亚硝酸盐浓度过高等情况时，可选择使用乳酸菌制剂进行调控，促使水环境中的有机物得以及时转化，降低亚硝酸盐含量，保持水质处于"活"、"爽"的状态。对于某些地区在养殖过程中出现水体pH过高的情况，也可通过利用乳酸菌的产酸机能进行调节，起到平衡水体酸碱度的效果。乳酸菌制剂使用量按菌剂含活菌量 5 亿/毫升、水体为 1 米水深计算，用量为 2.5~3 千克/亩，每 10~15 天使用 1 次。

（4）多种有益菌的协同应用　由于不同种类的有益菌生理、生化特性各有不同，养殖过程中可根据水质情况将它们进行科学搭配使用，通过协同作用增强水质净化效率。例如，当养殖水体中微藻生长不良时，可选择将芽孢杆菌与乳酸菌、光合细菌配合使用，利用芽孢杆菌快速降解池塘中的有机物，乳酸菌或光合细菌则起净化水质的作用，同时乳酸菌制剂、光合细菌制剂培养液中的其他营养成分还可作为微藻的营养素被吸收利用，促进微藻的生长繁殖。罗勇胜等人（2006）研究指出，利用光合细菌和芽孢杆菌协同净化南美白对虾的养殖水体，对化学耗氧量的净化率可达到 40％以上，对氨氮和亚硝酸盐的净化率为 35％和 81％，均明显高于单独使用光合细菌、芽孢杆菌的净化效率。沈南南等人（2007）的研究表明，在南美白对虾养殖过程中每周定期配合使用芽孢杆菌、乳酸菌和光合细菌，可明显提高水质的净化效率。其中，芽孢杆菌搭配乳酸菌使用，对水体氨氮和 COD 的净化率最佳，可分别达到 65％和 37％；芽孢杆菌搭配光合细菌使用，对水体氨氮和亚硝酸盐的净化率也较好，分别达到 62％和 46％。可见，在对虾养殖生产过程中充分利用不同种类有益菌的生态特性，根据池塘水质具体情况科学地把各种有益菌制剂进行组合搭配使用，可有效增强水体环境调控效果。

（5）菌-藻协同调控水质　在南美白对虾养殖过程中，通过科学使用微藻营养素和有益菌制剂，既可培育和调控优良微藻藻相，水体中的微藻又可与有益菌协同调控水质，为对虾的健康生长提供优良的水体环境。有研究指出，在以小球藻为优势的南美白对虾养殖水体中每周使用芽孢杆菌和光合细菌可有效去除水体中的氮、磷，其中使用菌剂 5 天后，芽孢杆菌-小球藻组的氨氮、亚硝酸盐、活性磷酸盐净化率分别为 32.9％、13.5％、36.0％，光合细菌-小球藻组的相应净化率分别为 33.3％、6.0％、41.8％；在养殖 35 天时，芽孢杆菌-小球藻组和光合细菌-小球藻组的氨氮净化率可达到 76.4％、78.9％；并且藻-菌环境系统的水质净化效率明显高于单藻和单菌的环境系统。所以，在养殖生产中应同时培养优良的微藻藻相和菌相，使之形成一种菌藻生态平衡，通过两者的生态协调作用可有效调控水体环境。因此，可在虾苗放养前同时使用微藻营养素和芽孢杆菌制剂，培养良好的藻相和菌相；在养殖过程中根据池塘微藻藻相和天气变化情况，合理使用芽孢杆菌制剂和微藻营养素，促进有益菌和优良微藻的生长繁殖，维护好菌藻系统的生态功能，从而达到优化养殖水环境的效果。

综上所述，在使用有益菌制剂时，不应仅仅只依赖于某一种细菌，而应充分了解不同微生物的特性，并根据养殖环境中的主要污染指标，选择合适的有益菌制剂才能取得良好的效果。同时，可选择多种有益菌合理搭配使用，通过多菌种间的协同作用，有利于全面净化水质，优化养殖环境，促进对虾健康生长。

五、理化型水质改良剂的种类与应用

随着养殖时间的延长，池塘水体中的悬浮颗粒物不断增多，水质日趋老化，加之养殖过程中天气变化的影响，水体理化因子常常会发生骤变。此时，在合理运用有益菌调控的基础上采取一些理化辅助调节措施，科学使用理化型水质改良剂，可及时调节水质，维持养殖水环境的稳定。

水产养殖常用的理化调节剂主要有：pH调节剂（生石灰、腐殖酸），吸附剂（沸石粉、麦饭石粉、白云石粉），增氧剂（过氧化钙、双氧水），离子调节剂（活性钙离子、镁离子制剂）。其中有些调节剂同时具有多种功能，例如，生石灰既可用于调节水体pH还具有消毒的功效，漂白粉、双氧水则既能用于水环境消毒同时还可增加水体溶解氧含量。所以，在选择使用水质理化调节剂时，应综合考虑养殖水质状况、需要调控的目标和调节剂产品的主要功能，这样才能做到"有的放矢"。下面就对虾养殖生产中常见的几种水质理化调节剂的特性和使用策略进行介绍。

1. 生石灰

生石灰的主要成分为氧化钙，是对虾养殖生产中常用的理化调节剂，当其与水反应可形成氢氧化钙，并释放出大量的热量。使用生石灰能提高水体碱度，调节池水pH值，使水中悬浮的胶体颗粒沉淀；可增加钙肥，有利于微藻繁殖，保持水体良好的生态环境；可改良底质，提高池底的通透性。同时，生石灰还可起到一定的消毒效果。一般在养殖开始前作为消毒剂和底质改良剂使用，用量为100～150千克/亩；在养殖过程中当遇到水体pH过低或强降雨天气时可作为水质改良剂使用，用量为10～20千克/亩，具体应该根据水体的pH情况酌情增减。生石灰容易受潮熟化，熟化后效果会明显降低，因此应及时使用，储藏时要注意防潮。

2. 沸石粉、 麦饭石粉、 白云石粉

沸石粉、麦饭石粉、白云石粉是一类具有多孔隙的颗粒型吸附剂，具有较强的吸附性。在养殖中后期，水体中悬浮颗粒物大量增多、水质混浊时，可用它吸附沉淀水中颗粒物，同时关闭增氧机令水体静止一段时间后排出池塘底层水，达到澄清水质的效果。另外，也可作为吸附载体与有益菌制剂配合使用，将有益菌沉降至池塘底部，增强其底质环境净化的功效，达到改良底质的效果。一般养殖中后期每隔2～3周定期使用一次沸石粉，可有效保证水质清新，提高水体的透明度，防控微藻过度繁殖，在强降雨天气后也可适量使用。一般用量为10～15千克/亩，但具体还应该根据养殖水体的混浊度、悬浮颗粒物类型和产品粉末状态等酌情增减。

3. 过氧化钙

过氧化钙（CaO_2）多为含结晶水的晶体（$CaO_2 \cdot 8H_2O$），呈白色、淡黄色粉末或颗粒，与水反应可形成氢氧化钙和氧气，在对虾养殖过程中可作为环境改良剂，起到供氧、平衡pH及消毒等功效。强降雨天气后，池塘水体硬度降低，池底容易缺氧，使用过氧化钙可以增加水体钙含量和硬度，提高池底溶解氧含量，为养殖对虾提供良好的栖息环境。此外，养殖中后期池塘中有机物含量相对较高，适量使用氧化钙可促进氧化反应，避免有机物在厌氧条件下产生硫化氢等有毒、有害物质。一般用量为1千克/亩，用于水质调控可选用粉剂型的产品，用于底质改良则以颗粒型的产品为好。

4. 腐殖酸

水产养殖中使用的腐殖酸产品多为黑色粉末或颗粒状，能络合水体中的悬浮有机物及有毒、有害物质，平衡酸碱度。当养殖水体pH值过高或不稳定、水混浊、泡沫多、蓝藻过度繁殖时，适当使

用腐殖酸能络合溶解态有机物保持水质清新，同时还可调节水体pH，促进微藻藻相的稳定。

5. 双氧水

双氧水是过氧化氢（H_2O_2）溶液，无色、无味，可释放出氧气，具有较强的氧化作用。可用于增加水体溶解氧、消毒和氧化水体中的还原性物质。当养殖中后期遇到低气压、持续阴雨天气、水中溶解氧含量骤降、水色发暗、水体有机物含量过高等情况可适量使用双氧水，迅速增加水体溶解氧，改善水质。一般的双氧水产品含过氧化氢 $2.5\%\sim3.5\%$，有些高浓度的双氧水产品含过氧化氢 $26\%\sim28\%$，因此，具体用量要根据产品中含过氧化氢的浓度与养殖水环境情况而定。由于双氧水在强光、高温条件下容易分解造成失效，所以，应及时使用，尽量避免长期贮存，确需暂存的可选择阴暗、通风的条件下短期保存。

6. 复配型的水质调节剂

将常规的理化型环境调节剂与有益菌、高效净水剂、中草药等科学搭配，形成复配型的功能性水质调节剂。养殖过程中根据水体环境具体情况进行选择，一般池底有机物较多、水中肥度不足时，选择使用微生物型调节剂；水体混浊、呈黄泥水色时，选择使用高效净水型调节剂；对虾发病或应激反应时，选择使用中草药型调节剂。

六、针对 pH、氨氮、亚硝酸盐的调控措施　● ●

1. 养殖水体 pH 值偏高的调节

（1）水色偏浓而 pH 值升高的调节　这是由于微藻繁殖过盛，导致 pH 值偏高。此时可更换部分水体（引自蓄水池或地下水源的更佳），再施放无机载体的芽孢杆菌制剂和光合细菌制剂，以抑制微藻的过度繁殖，调节 pH 值。

（2）水色正常但 pH 值偏高的调节　这种情况多数发生在养殖前期，主要原因是池塘老化、塘底含氮有机物偏多或者使用石灰过多，而且水体缓冲力低。可先泼洒乳酸菌制剂和葡萄糖中和碱性物质，再使用腐殖酸提高水体缓冲力。

（3）水色呈蓝色或酱油色而 pH 值变化较大的调节　这是由于

有害藻类（蓝藻或甲藻）过度繁殖所引起。水源条件好的可以更换部分水体，避免蓝藻或甲藻分解的毒素影响对虾的生长，换水后，使用光合细菌制剂和腐殖酸，抑制有害藻类的繁殖。如果出现蓝藻集中到池塘下风处的情况，可使用杀藻剂局部泼洒，然后使用活性钙或粒状增氧剂改善底层溶解氧状况，再同时使用芽孢杆菌和光合细菌或乳酸菌等有益菌制剂调节。

2. 养殖水体 pH 偏低的调节

土池养殖水体 pH 值偏低，一般是由于酸性土质引起，或是长期下雨造成的；高位池养殖后期水体 pH 值也多会偏低，这主要是因为养殖代谢产物积累造成的。此时，可用农用石灰化水全池泼洒提高水体 pH，一次用量不宜过大，一般以 5～10 千克/亩为宜，可视需要反复多次调节。此外，适当控制养殖密度，在养殖过程中使用有益菌及时降解代谢产物，维持微藻的平稳生长，也有利于保持养殖水体 pH 值的平稳。

3. 养殖水体氨氮过高的调节

（1）水源氨氮过高的调节　如果采用地下水作为养殖水源，由于地质原因，部分地下水氨氮含量偏高，抽出来的地下水必须充分曝气，让水中的氨氮挥发和氧化后再行使用。对池塘水体可施用芽孢杆菌制剂和微藻营养素培养有益菌和优良浮游微藻，吸收氨氮。也可以使用具有硝化作用和反硝化作用的有益菌制剂和光合细菌制剂降解转化氨氮。

（2）养殖中后期或者拉网捕虾等操作引起氨氮升高的调节　先施用沸石粉和粒状增氧剂或活性钙等改良底质，同时施用光合细菌制剂吸收氨氮，再使用芽孢杆菌制剂降解转化有害物质，可有效降低水体氨氮的含量。

4. 养殖水体亚硝酸盐过高的调节

养殖水体亚硝酸盐过高多见于池底有机物较多、水体溶解氧不足的状况。预防亚硝酸盐过高必须从养殖初期开始。

（1）从放苗前"养水"开始至养殖全程定期施用芽孢杆菌制剂，养殖前期使用有机载体的芽孢杆菌制剂，养殖中后期以使用无机载体的芽孢杆菌制剂为宜。

（2）水色偏浓或阴雨天气施用光合细菌制剂和乳酸菌制剂，保障养殖代谢产物及时降解转化，优化养殖环境。

（3）定期施用具有硝化反硝化功能的有益菌制剂，并保障水体溶解氧含量。

（4）发现亚硝酸盐过高，可先施用活性钙或增氧剂，同时加强开动增氧机，增加池塘底部和水体溶解氧含量，然后加大施用乳酸菌制剂和具硝化反硝化功能的有益菌制剂用量。

第三节　增氧设施的科学配置与使用

一、对虾养殖常用增氧设施的类型

目前，对虾养殖池塘主要是依靠增氧设施进行水体充气的方式增加养殖水体的溶解氧含量。常用的增氧设施种类包括水车式增氧机、叶轮式增氧机、射流式增氧机等，也有的采用罗茨鼓风机、漩涡式充气机和拐咀气举泵等机械与导气管相连，形成充气式增氧机设施。

叶轮式增氧机是目前淡水养殖较为广泛使用的一种增氧机（图3-3）。叶轮旋转时，产生强烈的搅水作用，促进在水体接触面形成气泡，增加空气与水体的接触面积，同时起到一定的曝气作用，促进氧气的溶解。但由于这种增氧机一般安装在池中央，搅动水流不定向，对具有中央排污的高位池不大适用。

水车式增氧机是在对虾养殖池塘应用最广泛的一种增氧机，以

图 3-3　叶轮式增氧机

2～4 叶轮的最为常见（图 3-4）。电动机带动增氧机的直立叶轮转动，叶轮与水平面形成垂直角度，拍击搅动池塘表层水，溅起浪花，增加水体与空气的接触面，促进氧气的溶解；同时，顺着叶轮的转动方向，通过水体张力和黏滞力的作用，促使池水朝固定方向流动，通过多台水车式增氧机的协同接力，可令整个池塘水体形成环流，有利于将养殖水体中的污物和生物残体集中于池塘中央，通过中央排污系统将养殖代谢产物排出池外，所以还可起到一定的水环境净化作用。

图 3-4　水车式增氧机

射流式增氧机由潜水泵和射流管组成，工作时，水泵里的水从射流管射出，产生负压而吸入空气，水和气在混合室混合后，以一定角度射入水体中（图 3-5）。适用于水深大于 1.5 米的虾池。由于潜水泵电机在水中密封困难，容易漏电和产生故障，使用时应进行定期检修和维护。

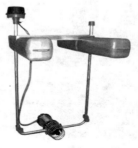

图 3-5　射流式增氧机

　　充气式增氧设施由供气系统（图 3-6）和导气系统共同组成，供气系统可选用鼓风机，导气系统包括连接鼓风机的送气 PVC 管，以及均匀散布于池塘底部的散气管、纳米管或散气石等（图 3-7）。池底散排出的气泡在上升过程中，溶解氧溶入水中。该种增氧设施由于气管置于水底容易滋生青苔及粘连污物而堵塞气孔，需要经常检查与维护，保证相关设施时刻处于正常工作状态。

图 3-6　鼓风机　　　　　　　　图 3-7　底管式增氧管

二、对虾养殖池塘增氧机的配置及合理使用

　　对于实施高密度集约化养殖的池塘，为强化增氧效率可采用立体式的增氧系统配置（彩图 21）。即在池塘构建底部增氧和水层增氧两个部分，其中水层增氧设施由水车式增氧机和射流式增氧机构成。水层增氧系统按每 3 亩养殖水面配备 2 台功率 0.75 千瓦水车式增氧机和 2 台 1.5 千瓦射流式增氧机，在虾池四周相间分布，调整安装位置和方向，使之开动以后形成循环水流（彩图 22），一方面将上层水的充足氧气交换到底层水，一方面有利于物质循环和集污作用。底层充气式增氧主要依靠鼓风机连接导气系统，在池塘底部均匀安置散气管、纳米管或散气石等，直接将空气导入水体中，达到增氧效果。一般要求水底的气孔压力达到 3~10 千帕较好。

　　增氧机主要是通过加速空气与水体的交换，促进氧气溶入水中，从而增加水体溶解氧含量。此外，增氧机的使用还可促进养殖水体产生流动，形成小范围的"活水"效应，例如叶轮式增氧机可促进池塘水体的环流，充气式增氧设施和射流式增氧机则可形成上下层水体对流。在养殖生产中根据池塘形状、水深、面积和养殖密度等具体情况，选择合适种类的增氧机并进行合理布局，保证水中溶解氧供给，可为对虾养殖生产提供有力的保障。

在养殖生产中，应根据实际情况，将微藻生态增氧和机械增氧进行有机的结合，实施科学的增氧管理策略，既有利于降低能耗减少电力成本，又可保证水体的增氧效率。我国南方海域水温高、光照时间长、微藻生物资源丰富，可充分利用自然资源，在光照充足时，有效利用微藻的光合作用产氧，达到生态增氧的效果；在光照不足时，通过提高机械增氧的功率来提升和保持养殖水体溶解氧水平。所以在增氧机开启时间上，夜晚和连续阴雨、高温闷热、大暴雨等天气条件下应保持增氧机的开动，而在光照充足的晴天可少开；在养殖中后期池塘中对虾生物量较高时，以及实施高密度集约化养殖的池塘应根据水体溶解氧情况相对延长增氧机的开启时间。

第四节　养殖池塘浮游微藻藻相及水色的养护

一、对虾养殖池塘浮游微藻藻相结构特点

浮游微藻对对虾养殖池塘的物质循环和能量流动具有举足轻重的作用，它对于维持虾池生态系统的正常功能，稳定池塘环境是不可或缺的。虾池中微藻的种群组成、种群密度与水体理化因子密切相关，微藻的种类、数量可直接影响水体理化因子的变化。微藻通过光合作用产氧而增加养殖水体的溶解氧，促进水体中富含的耗氧性有机物的氧化分解。优良的微藻藻相在种群稳定、生物量持续增长的过程中，可促进水体中营养盐的转化利用，减少并消除氨氮、亚硝酸盐、有机污染物等多种有毒、有害物质。一旦水体中优良微藻藻相生态平衡被打破，有害微藻过度繁殖或环境中的微藻种类过于单一，将不利于保持养殖生态系统的良性循环和营造良好稳定的养殖环境，进而严重影响养殖对虾的健康水平。虾病的暴发与水中微藻藻相结构的变化有直接或间接的关系，虾池中微藻的种类和数量尤其是赤潮生物的类群和数量与对虾病害暴发的概率有正相关关系，而藻相的多样性指数水平与对虾病害的发生呈负相关关系。从某种意义上来说，养殖环境的优良与否是引发对虾产生应激反应和抗病力下降的主要诱因。

　　国内外学者研究发现，虾池中微藻藻相结构通常存在以下几个特点：①池塘中的微藻包含浮游性种类和底栖性种类，但主要以浮游微藻为主，池内微藻种类少于外界水域；②优势种单一，优势度高，耐污性种类较多，有些为有毒、有害的赤潮或水华生物种类；③微藻的生物量、细胞数量均远高于水源；④养殖后期耐污种类增多，群落演替具有突发性，时间短、速度快、不稳定。

　　不同类型养殖池塘的浮游微藻藻相结构既存在差别也有一定的共性特征。将李卓佳（2009）、刘孝竹（2009）、彭聪聪（2011）等人对广东对虾养殖主产区的低盐度淡化养殖池塘、高位池、滩涂池塘等三种主要养殖模式虾池的微藻藻相进行对比。把每次取样中个体总数量和总生物量均占 10%～40% 的微藻定为优势种，大于 40% 以上的为强优势种，在 1%～10% 的为常见种，小于 1% 的或者只在个别水样中出现的定为稀有种。结果发现，上述三种池塘中藻相结构的共性特征为：一是养殖期间浮游微藻的种类数、个体数量、生物量及多样性指数总体均呈现养殖前期低、后期高的规律；二是前期以绿藻类、硅藻类较常见，中后期一些耐污性好的绿藻、蓝藻形成了较高的密度，处于优势统治地位；三是受天气影响大，当出现台风、强降雨等恶劣天气时，水体理化因子波动较大时，微藻数量有所减少；四是三种类型池塘出现共有的微藻强优势种为蛋白核小球藻和颤藻（彩图 23）。而三种类型池塘的差别主要是主导藻相结构动态变化趋势的优势种和强优势种存在较大的差异。

　　低盐度淡化养殖池塘优势种多为蓝藻，主要种类有铜绿微囊藻、圆胞束球藻、卷曲螺旋藻、假鱼腥藻、绿色颤藻、拟短形颤藻、粘连色球藻、点状平裂藻和针状蓝纤维藻。绿藻中蛋白核小球藻可成为优势种，其余绿藻和硅藻多为常见种，如多粒衣藻、角毛藻和新月菱形藻等。

　　高位池的优势种主要是蛋白核小球藻、绿色颤藻、波状石丝藻、具尾蓝隐藻和微小原甲藻，常见种主要是条斑小环藻和真蓝裸甲藻。其中蛋白核小球藻和绿色颤藻的优势度远高于其他种类，藻相结构相对简单，多样性指数远低于滩涂池塘和低盐度淡化养殖池塘，藻相稳定性差，容易发生"倒藻"现象。

　　滩涂池塘的优势种主要为蛋白核小球藻、绿色颤藻、易略颤藻、威利颤藻、盐泽颤藻、微小念珠藻、微小多甲藻、新月菱形藻、花环小环藻、加德纳鞘丝藻、显微蹄形藻、凯氏小球藻、顿顶节旋藻、栖藓柱孢藻、库津小环藻等。优势种多为蓝藻、绿藻，甲藻也有一种为优势种，硅藻多为常见种。

就生产性能而言，对虾养殖生产中通常认为以绿藻、硅藻为优势种的池塘为好，其水质稳定、病害少，对虾生长亦较好；以蓝藻为优势种的水体中，对虾生长缓慢而且容易引发病害。通常，在养殖过程中以培养绿藻为主的绿色水系较好，究其原因，可能是以绿藻为主的绿色水系中微藻种类较多，水体生态系相对稳定，容易保持池水的"活、爽"，而以硅藻为主的褐色水系微藻种类较单一，不及绿色水系稳定，容易因气候变化而变动，引起对虾产生应激反应。蓝藻、甲藻的种类大多能产生有毒、有害物质，一般以蓝藻、甲藻为优势的蓝绿水系和棕红水系能诱发对虾养殖病害，导致大幅减产。

因此，在对虾养殖生产中应充分考虑实际情况，综合微藻种类、数量、水质条件、水体营养水平等相关因素，摸索构建和养护优良藻相的营养需求和生态条件，因时因地制宜地采取合理的调控措施，确保养殖过程中优良藻相的稳定，为对虾提供良好的栖息环境，以利于其健康生长。

二、对虾养殖池塘微藻藻相调控的基本要点

主要是采用以水体营养、有益菌及菌-藻协同调控为核心的对虾养殖池塘水环境浮游藻相平衡控制技术。其技术要点如下。

（1）放苗前使用微藻营养素和芽孢杆菌制剂，使绿藻和硅藻等优良微藻形成优势。

（2）每7～15天定期施用芽孢杆菌制剂，促进优良微藻稳定生长，形成菌-藻平衡，调控优良生态。

（3）养殖过程根据天气及水中微藻生长，合理补充施用微藻营养素，配合使用光合细菌制剂、乳酸菌制剂和其他水质调节剂。

（4）养殖前、中期实行全封闭式管理，养殖后期少量水交换，保持水体环境的稳定。

（5）保证水体溶解氧含量。总体以养殖后期仍能保持鲜亮的黄绿色、豆绿色、茶褐色等水色为宜。

三、常见优良水色及其养护技术

1. 常见的优良水色

水色是水质的直观反映，养殖者通过观察水色可以判断水质的优劣。对虾养殖过程中常见优良水色有黄绿色、茶色、绿色等。

黄绿色——水体中硅藻和绿藻共同占主导优势，兼具硅藻和绿藻的优点，多样性比较好，水质稳定。

茶色——水体中的微藻主要为硅藻，如角毛藻、新月菱形藻、小环藻等。硅藻是幼虾的优质饵料，生活在此种水体中的对虾生长速度较快，抗病力强，成活率高。但由于硅藻对环境的要求较高，在南方气候变化频繁的条件下，此种水色容易发生变化。

绿色——水体中的微藻主要为绿藻，如蛋白核小球藻、衣藻、栅藻、心形四片藻、小球藻、卵囊藻、梭藻、鼓藻等。养殖前期因为微藻数量不多，常表现为豆绿色；养殖中后期水体营养丰富，微藻生长旺盛，水色深浓，透明度较低，常表现为浓绿色。绿藻适应性强，在养殖环境中生长稳定，可以吸收水体中大量的氮、磷，净化水质效果明显。

2. 优良水色的养护措施

（1）纳入良好水源　在水源条件优良时适时引入池塘，水源经沉淀、过滤处理后去除水体中个体粒径较大的微藻和以群体形式存在的蓝藻种类，使得水体中存留如蛋白核小球藻、小环藻等粒径较小的优良微藻种类。

（2）养殖前期"养水"　在投入虾苗前2～3周，将水源引入池塘后使用消毒剂进行水体消毒，然后施用微藻营养素和芽孢杆菌制剂进行"养水"。微藻营养素可提高水体营养水平，促进微藻生长；芽孢杆菌促进水环境中有益菌生长，形成有益菌生态优势，增强环境菌群的代谢活性。

铺膜池、新建池塘、沙质底池塘应选用有机无机复合营养素，普通土池选用无机复合营养素，同时施用芽孢杆菌制剂。微藻营养素用水化开稀释以后全池泼洒，芽孢杆菌预先加上0.5～1倍的麦麸、米糠或花生麸，加水充气浸泡 1～2 天后再使用。芽孢杆菌菌剂用量以含有效菌量为 10 亿/克、池塘水深 1 米计算，每亩使用 1 千克。施用微藻营养素和芽孢杆菌后，晴好天气下 3～5 天可培养起黄绿色、鲜绿色或淡茶色等优良水色，若遇阴雨天气则需 1 周左右才能形成良好水色。

为维持水色的稳定，在放苗前施用微藻营养素和芽孢杆菌"养水"后 7～15 天应补充添加营养素和有益菌制剂，可选择液态有机无机复合营养素或无机复合营养素，也可适当加施肥水型的光合细菌或乳酸菌制剂，重复 2～3 次，具体用量根据水体微藻生长和环境营养水平适量增减。

（3）养殖全程维护

① 养殖过程中每 7～15 天定期使用芽孢杆菌制剂，促进养殖代谢产物及时降解转化为微藻生长所需的营养元素，使微藻藻相保持稳定，维护优良水色。芽孢杆菌使用量一般为首次用量的 50%，含有效菌量为 10 亿/克的菌剂，按 1 米水深计，每次每亩使用 0.5 千克。使用前，将菌剂与适量的麦麸、米糠或花生麸混合，加入池塘水一起充气浸泡 1 天再使用。

② 水色偏浓时使用光合细菌和腐殖酸，控制微藻过度生长，使藻相稳定，水色清爽。含活菌数 5 亿/毫升的光合细菌制剂，按水深 1 米计，每亩使用 1～2 千克；腐殖酸为每亩使用 1 千克。

③ 水色发暗、水体泡沫偏多时使用乳酸菌，可使水质保持清新，促进微藻生长，维护良好水色。含活菌数 5 亿/毫升的乳酸菌制剂，按水深 1 米计，每亩使用 1～2 千克。

四、常见不良水色及其调控措施

由于气候变动、人为管理不当以及养殖自身污染等因素的影响，往往造成养殖池塘中出现不良水色，如处理不当，会导致病害发生。对虾养殖过程中常见不良水色有白浊水、澄清水、青苔水、黄泥水、黄色水、暗绿水、蓝绿水、酱油水。

1. 不良水色的成因与危害

（1）白浊水的成因与危害　水色为乳白色，常见于养殖前期，一般这种水色的水体营养水平相对较低。主要是由于水体中的枝角类、轮虫、桡足类等浮游动物数量多，大量摄食水中的微藻。虽然短期内幼虾在这种水体环境下可快速生长，但因缺乏微藻的光合作用产氧，长此以往将会导致水体溶解氧缺乏，同时伴随氨氮和亚硝酸盐等有害物质的含量升高，有害菌大量繁殖，水质不断恶化，不利于养殖对虾的健康生长。

（2）澄清水的成因与危害　水体清澈见底，水中没有或是少见浮游微藻，也没有其他大型藻类的出现，通常水体 pH 值较低。这可能是池塘环境中含有大量重金属离子或其他毒性物质，或是池塘土壤呈酸性，水体 pH 偏低，不适合微藻的正常生长。这种水体不利于养殖对虾安定生活。

（3）青苔水的成因与危害　水体清澈见底，池底或池壁长有大量青苔。这主要是由于放苗前没有采取合理的"养水"措施，使水中浮游微藻繁殖较慢，水体透明度大，阳光直接照射到池塘底部，造成青苔大量繁殖。池塘中一旦形成"青苔水"，后续想要直接在水体中培养优良微藻藻相将存在一定的困难，并且老化的青苔大量死亡后腐败，产生有毒、有害物质，引起池底环境严重恶化，诱发对虾病害。

（4）黄泥水的成因与危害　水体浑浊，水色呈不同程度的黄色。一般出现于强降雨天气后，微藻大量死亡，雨水冲刷池堤周边的泥浆流入池塘。也有可能是因为放养密度过大，对虾活动搅起池塘底泥所致。这种水体环境的水质波动较大，水中悬浮颗粒多，溶解氧含量低，对虾容易出现应激反应。

（5）黄色水的成因与危害　水体呈黄色，水质不清爽，pH 值偏低。该水色主要是由于水体中的甲藻、金藻等微藻大量繁殖，在藻相中形成明显的生态优势所致，不利于对虾的存活与正常生长。

（6）暗绿水的成因与危害　水体呈暗绿色，水色较浓，水体透明度低，常见于养殖后期，一般在池塘下风处会漂浮较多的污物。随着养殖时间的延长，投入水体中的饲料不断增多，水环境中有机物大量积累，当水体中的物质循环受影响、养殖代谢产物得不到及时有效的降解转化时，加之水中不断有微藻老化死亡，即容易导致这种水色。通常这种水体中的溶解氧含量较低，水质恶化，容易引起养殖对虾发生病害。

（7）蓝绿水的成因与危害　水体呈明显的蓝绿色，水中可见悬浮性颗粒物，在池塘下风处出现油漆状蓝绿色漂浮物，可闻到异味。这种水色多见于低盐度淡化养殖的中后期，主要是由于水体富营养化水平升高，形成了以微囊藻等蓝藻为优势的藻相，水质恶化，对虾生长缓慢、成活率低、发病率高。

（8）酱油水的成因与危害　水色为黑褐色或酱油色，水体黏性大，pH值较高。这种情况一般是因为水体富营养化水平升高，甲藻等赤潮藻类大量繁殖，在微藻藻相中占据绝对的生态优势。当老化微藻死亡后会释放出一定的微藻毒素，不利于对虾的存活与生长。

2. 不良水色的处理措施

（1）白浊水的处理　可先停止投喂饲料2～3天，让幼虾摄食水体中的浮游动物。然后添加5～8厘米水位的新鲜水源，重新施用微藻营养素和芽孢杆菌制剂进行"养水"，培养微藻藻相。如果幼虾个体过大，已无法摄食浮游动物，可先使用低毒的水体消毒剂杀灭部分浮游动物，2天后添加5～8厘米水位的新鲜水源，再施用微藻营养素和芽孢杆菌制剂重新"养水"，培养微藻藻相。该种水色条件下应注意避免水体溶解氧含量不足，加强增氧措施。

（2）澄清水的处理　先更换部分养殖水体，再适量使用重金属络合剂或解毒剂，消除水体中重金属离子或有毒物质的影响。2天后引入5～8厘米水位的新鲜水源，或从其他藻相良好的池塘引水入池，再施用微藻营养素和芽孢杆菌制剂重新"养水"，培养微藻藻相。对于底泥酸性严重的池塘，应铺设地膜或用生石灰多次改良土质，确定池塘环境酸碱度正常后，才可进行对虾养殖。

（3）青苔水的处理　如果池塘尚未放养虾苗，可先排干水将青苔清理出池，再重新进行消毒和"养水"。如果已经放养虾苗，可一次性大量换水，引入新鲜水源，适当加大微藻营养素和芽孢杆菌制剂的用量重新"养水"，或者从其他藻相良好的池塘引水入池，再使用微藻营养素和芽孢杆菌制剂重新"养水"，培养微藻藻相。水体环境中生长有少量的青苔对养殖对虾的生长没有太大的影响，但为稳定水质，应加强水体机械增氧和芽孢杆菌等有益菌制剂的使用。

（4）黄泥水的处理　先用沸石粉澄清水质，再用腐殖酸稳定水体 pH 值，同时配合使用适量的增氧剂提高水体溶解氧含量；随后根据水质情况施放芽孢杆菌制剂和微藻营养素，重新培育优良的菌相和微藻藻相。如果外界水源水质良好可先引入部分新鲜水，再施用有益菌制剂和微藻营养素。处理过程中应强化水体增氧措施，加大增氧机的开启数量和时间，避免水体缺氧情况的发生。

（5）黄色水的处理　先适量使用生石灰调节水体 pH 值，应采取少量多次的方式避免水体环境剧烈变化引起养殖对虾产生应激反应；然后配合使用光合细菌制剂和芽孢杆菌制剂，每 2～3 天施用 1 次，重复 2～3 次，有益菌制剂的具体用量和使用频率根据天气、水质状况等酌情增减。如果外界水源条件优良或相近池塘有以绿藻、硅藻等为优势的优良藻相，可先引入部分新鲜水源再配合施用有益菌制剂，更有利于池塘优良藻相的重新培养。

（6）暗绿水的处理　选择在外界水源条件良好时适量换水；使用沸石粉澄清水体，配合使用过氧化钙改良水质和底质环境；同时，联合使用乳酸菌制剂和芽孢杆菌制剂，或光合细菌制剂和芽孢杆菌制剂，视情况轻重反复使用 2～3 次，促进养殖代谢产物的分解转化，使水环境中的物质循环途径保持通畅。处理过程中应加强增氧措施，防止出现水体缺氧的情况。

（7）蓝绿水的处理　如果处于对虾容易发病和产生应激反应的阶段，可先适量换水缓解水环境负荷；再通过使用腐殖酸稳定水体 pH；同时，配合施用芽孢杆菌制剂加强水中有机物的分解转化，视情况轻重反复 2～3 次，强化水环境中的物质循环，控制蓝藻的生长繁殖。

如果处于对虾不易发病的时期（例如在高温季节的晴好天气下），可先用适量的二氧化氯、溴氯海因等消毒剂或针对蓝藻的溶藻菌制剂抑杀蓝藻，然后适量排出池塘的底层水，引入部分新鲜水源；再使用沸石粉、过氧化钙等环境改良剂和水体解毒剂；待水体相对稳定后，施用芽孢杆菌制剂和微藻营养素重新培育优良藻相。

在处理过程中，一方面应注意加强水体增氧措施，可在机械增氧的同时配合使用适量的化学增氧剂，强化增氧效果；另一方面可在处理前后使用一定量的对虾免疫增强剂和抗应激调节剂，增强虾只体质，避免出现应激反应而死亡。

（8）酱油水的处理　处理措施与对蓝绿水的处理相同。

3. 养殖过程发生"倒藻"，水色突变的调节

在对虾养殖过程中有两种水色突变的情况较为常见，即通常所称的"倒藻"和"转水"。

因天气变化（降温、长时间降雨、风向转变）或水体营养缺乏或不平衡，容易出现微藻大规模死亡的现象，俗称"倒藻"或"败藻"。微藻的生长一般会经历生长期、高峰期和衰亡期等几个阶段，肉眼即可观察到水色由浓变清的变化过程，俗称"转水"或"倒藻"，学术界即称之为微藻藻相演替。这种情况如不及时处理，会引起水体环境的骤变，使对虾产生应激反应，或摄食减退，出现游池现象，严重时甚至引起对虾病害的发生。

对此，首先，要注意提前预防，在天气变化前后施用光合细菌制剂或乳酸菌制剂，维持水体环境的稳定，促进水中微藻的正常生长，提高微藻藻相的稳定性。其次，对出现"倒藻"和"转水"的水体应及时处理，一方面控制饲料投喂量，避免残余饲料污染水质；另一方面加强水体的增氧力度，同时施用适量的沸石粉和底部增氧剂改良底质。再者，可适当添加部分新鲜水源，配合使用芽孢杆菌制剂和微藻营养素，对"倒藻"的水体应相隔3～5天反复2～3次施加芽孢杆菌制剂和微藻营养素，以强化微藻的生长，促使水色保持稳定。

第四章
南美白对虾池塘养殖的主要模式

当前，我国对虾养殖模式的种类有不少，可根据不同养殖管理方式、水质条件和气候条件进行划分。以养殖生产的集约化程度可分为半集约化和集约化养殖模式，以水质条件可分为海水养殖模式、河口低盐度淡化养殖模式及淡水养殖模式，以气候调控还可划分为露天养殖模式和越冬棚养殖模式。采用哪种模式最为适宜，需根据不同地区的自然条件、技术水平和经济实力等具体情况，因地制宜地选用适合当地实际的养殖生产模式。本章将综合当前对虾养殖主产区所采用的一些主要模式进行介绍，以供参考。

第一节　高位池精细养殖模式

一、高位池精细养殖模式的特点

自 20 世纪 90 年代后期以来，高位池精细养殖模式是我国发展较快的一种对虾养殖模式，在广东、海南、广西、福建等省的对虾养殖主产区较为常见，近年来在浙江、江苏的对虾养殖地区也日渐兴起。该模式具有高投入、高风险和高回报的"三高"特点，尤其需要注意配套设备的正常运转和养殖管理、技术措施落实到位。

所谓高位池，指的是养殖池塘建立在高潮线以上，有利于池塘内水体的彻底排出，养殖用水采用机械提水方式，大大降低了潮汐对进、排水的影响。根据池塘的底质特点可细分为铺膜池、水泥护坡沙底池、水泥池三种类型，目前以铺膜池较为常见。

高位池养殖集约化程度高、易于排污、便于管理，整个养殖系统包括养殖池塘、沙滤式进水系统、蓄水消毒池、标粗池、高强度增氧系统、中央排污系统、独立进排水系统等一系列设施。根据水流方向，沙滤式进水系统由沙滤管、沙井、抽水管、泵房、引水管或引水渠、蓄水消毒池等组成（图4-1）。把经钻孔或包埋处理的抽水管深埋于沙滩内，把进水口端延伸至海区的低潮线以下，在进水管与抽水泵相连处设置沙井，抽水时利用沙滩的沙滤作用对抽取水源进行初级过滤，提高水源质量。从沙井抽出的水源可进行二级沙滤后引入养殖池，也可直接引入蓄水消毒池中，对水源集中消毒处理，然后再将水源引入各养殖池内（图4-2）。

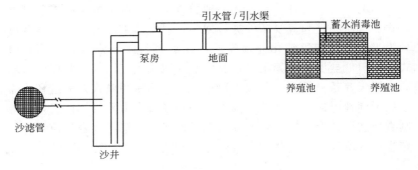

图 4-1　沙滤式进水系统示意图

图 4-2　蓄水消毒池

养殖池面积一般为2～10亩，水深1.5～3.0米。增氧机装配强度较高，一般每3亩养殖水面配备2台0.75千瓦水车式增氧机和2台1.5千瓦射流式增氧机。养殖密度高的池塘还采用立体式增氧系统，同时装配水车式增氧机、射流式增氧机和池底充气式增氧设施。在有条件的地区，为保证养殖对虾溶解氧的持续供给，还配置备用发电系统，确保停电时期能维持增氧设施正常运转。

高位池的中央排污系统由池底的排污管、外排管、排水井组成

（图4-3）。中央排污管设置在池塘底部中央，多为PVC管或铁管，根据池塘面积设置6～12根，各排污管呈中央放射状排列，一般相邻排污管间夹角为30°～60°。池底污物经排污管聚集后，由埋于池塘底部的外排管汇聚到池外的排水井。排污时通过池外排污控制管进行调节。中央排污管的管体上具有直径小于1厘米的圆孔，污染物通过圆孔进入排污管。中央排污管的管径大小根据池塘面积和排污管数量确定。

图4-3 中央排污系统（左）及排水井（右）

养殖过程的水质环境主要依靠人工调控，科学运用菌-藻平衡控制技术可起到优化水质、促进养殖对虾健康生长的效果。通过定期施用芽孢杆菌、光合细菌、乳酸菌、EM复合菌等有益菌制剂，构建优良菌相，抑制病原微生物的滋生，并及时降解残余饲料、对虾排泄物、浮游动植物残体及有机碎屑等养殖代谢产物，大幅减少自源性污染；不定期使用微藻营养素和理化调节剂，促进水中微藻形成优良、稳定的"水色"和合适的透明度，为对虾健康生长提供良好的生态环境。

高位池的对虾放养密度较高，根据多次收捕或一次性收获等不同收获方式的需求，放苗密度可达到10万～30万尾/亩，在实际生产中应根据养殖设施、管理水平等客观条件确定放苗密度。实施科学的管理，一般高位池对虾养殖的单产可达750～2500千克/亩。

二、高位池的类型

1. 铺膜池 （彩图24）

选择比重小、延伸性强、变形能力好、耐腐蚀、耐低温、抗冻性能好的土工膜，覆盖铺设养殖池塘的堤坝、池壁、池底。铺膜池的优点是易于清理、延缓池塘的老化，而且极大程度上减轻了养殖区土质对养殖生产的影响。在池底铺设土工膜，加之配套中央排污系统，有利于养殖过程中集中池内的养殖代谢产物并排出池外，还有利于对虾收成后对池塘进行彻底的清洗、消毒，一般用高压水枪就可轻易将黏附于膜上的污物清除，再加上一定时间的暴晒和带水消毒即可把池塘清理干净，及时投入下一茬的对虾养殖。因此，铺膜池养殖对延长虾池的使用寿命、在养殖中实施有效的底质管理和水质管理具有良好的促进作用。目前所用的土工膜有进口的也有国产的，价格在3~10元/平方米，使用寿命为三五年到十几年不等。在选择土工膜时除关注价格外，尤其应特别注意土工膜的质量，最好能选择质量有保障的名牌产品，以避免因质量问题造成土工膜破裂，导致池塘渗漏，或因土工膜使用寿命短，造成二次投资。

李卓佳等人（2005）研究发现，以铺膜池养殖南美白对虾，有利于促进对虾的生长。当养殖时间大于90天时，铺膜池中的对虾平均体长、平均体重、平均肥满度均显著优于沙底高位池（$p < 0.05$）（表4-1），但在养殖时间小于60天时，不同底质的高位池对南美白对虾的生长无明显影响（$p > 0.05$）。这主要是由于沙底的细沙颗粒体积小，比表面积大，容易吸附有机碎屑和一些病原微生物，养殖代谢产物不易排出，到了养殖后期，池底污物积累过多致使对虾的底栖环境逐渐恶化，对虾因环境胁迫变得生长缓慢。所以，在养殖时要注意及时清污和科学管理，避免对虾底栖环境恶化影响其生长。

表 4-1　不同养殖池对虾的体长、体重、肥满度对比

养殖时间/天	沙底养殖池			铺膜养殖池		
	平均体长/厘米	平均体重/克	平均肥满度/(克/厘米)	平均体长/厘米	平均体重/克	平均肥满度/(克/厘米)
30	4.1	1.05	0.255	4.3	1.23	0.287
60	5.9	2.67	0.448	6.5	3.57	0.543
90	8.2	7.61	0.923	9.3	10.63	1.143
100	9.5	11.33	1.192	9.9	12.63	1.277

2. 水泥护坡沙底池（彩图25）

养殖池以水泥、沙石浇灌或用砖砌后批荡水泥建筑池堤和池壁，以细沙铺底。该种类型高位池的优点是池堤和池壁比较坚固，对大风和暴雨的抵抗能力较强，还可为喜潜沙性的对虾提供良好的底栖环境。缺点是：建筑成本相对较高；池塘经受日晒、雨淋、水体压力的影响，在使用几年后水泥护坡可能会出现裂缝，引起水体渗漏；沙底清洁困难，养殖过程产生的残余饲料、对虾排泄物、生物残体、有机碎屑等容易沉积于池底不易清除，造成底质环境不断恶化。

针对上述缺陷，可采取以下几点措施进行处理：首先，在放苗前仔细检查池堤、池壁，发现有裂缝及时用沥青或水泥进行修补；第二，对池底进行彻底清理，将沉积于细沙中的有机物清理干净，若池塘经过多茬养殖，沙底无法彻底清洗干净的，可去除表层发黑细沙，换上新沙；第三，在放苗前对底质进行翻耕、暴晒、消毒，清除沙底中的有机物或病原生物，养殖过程中定期使用有益菌制剂和底质改良剂净化池底环境，减少养殖代谢产物的积累；第四，优化中央排污设施，将池塘的四个角设计成圆角形，池底形成一定的坡度，微微向中央排水口倾斜，以中央排水口为圆心，3～5米为直径，用砖块、水泥铺设一个排水区，减小池底的排水阻力，便于污物向中央排水口集中排出。

3. 水泥池（彩图26）

养殖池以水泥、沙石浇灌或用砖砌水泥覆盖涂布而成，既坚固又易于排污。缺点是造价高，长时间使用后池体容易出现裂缝、渗水。目前，采用该类型高位池的数量和面积远少于铺膜池和水泥护坡沙底池。

综合对比三种高位池的建设成本、养护效果、养殖生产效益等因素，铺膜池更为适宜南美白对虾的养殖生产需求。

三、高位池精细养殖模式的技术流程

1. 放苗前的准备工作

（1）清理池塘及消毒除害　铺膜池和水泥池的清理方法基本相同。池塘排水后用高压水枪彻底清洗黏附于池底和池壁的污垢。在强阳光条件下晾晒 3～5 天，但铺膜池和水泥池均不宜暴晒过度，否则土工膜会加速老化，水泥池出现裂缝导致渗漏。对于水泥护坡沙底池的清理则相对较复杂，先排干池内水体进行暴晒，使沙底表层的污物硬化结块清出池外；再用高压水枪冲洗，直到池底细沙没有污黑淤泥，池壁无污物黏附即可；然后再翻耕暴晒，直到沙子氧化变白为宜；全面检查池底、池壁、进排水口等处是否出现裂缝，进行补漏、维修，避免养殖过程中出现渗漏。

池塘消毒通常在放苗前 2 周选择晴好天气进行，用药前池内先引入少量水体，有利于药物溶解和在池中均匀散布。一般可按30～50 毫克/升的浓度使用漂白粉（有效氯含量约为 30%）消毒浸泡，并用水泵抽取消毒水反复喷洒池壁未被浸泡的地方，消毒时应保证池塘的边角、缝隙都能施药到位，消毒彻底，池塘浸泡 24 小时后将消毒水排掉，再进水清洗池底和池壁。

（2）进水及水体消毒　采用沙滤进水系统的水源可直接引入虾池，无沙滤系统的水源需经过 60～80 目的筛绢网过滤后再进入虾池。一次性进水至水深 1.2～1.5 米，再用含氯消毒剂或海因类消毒剂进行水体消毒。也可采用"挂袋"式的消毒方法，将消毒剂捆包于麻包袋之中，放置进水口处，水源流经"消毒袋"后再进入池塘，从而起到消毒的效果。在对虾养殖场密集的地方，可考虑配备一定面积的蓄水消毒池，养殖过程进水时，先把水源引入蓄水消毒池处理后，再引入池塘使用。

（3）放苗前优良水环境的培育　由于高位池内残余的有机物少，水体营养相对贫瘠，为保证微藻的生长和藻相的持续稳定，在培育优良微藻时应该将无机复合营养素、有机无机复合营养素和芽孢杆菌制剂联合使用。通常在放苗前5～7 天，选择天气晴好时施用无机复合营养素，为水体中的微藻提供可即时利用的营养，同时配合使用有机无机复合营养素和芽孢杆菌制剂，保持水体的营养水平。7～15 天再反复施用 2 次，避免微藻大量繁殖后导致水体营养供给不足而衰亡。

2. 虾苗的选购及放养

（1）虾苗的选购　健康优质的虾苗是养殖成功的重要保证之一，最好是选择虾苗质量好、信誉度高的企业选购虾苗。条件允许的话，可先到虾苗场考察，了解虾苗场的生产设施与管理、生产资质文件、亲虾的来源与管理、虾苗健康水平、育苗水体盐度等关键问题。选购的虾苗个体全长应大于 0.8 厘米、虾体肥壮、形态完整、身体透明、附肢正常、群体整齐、游动活泼有力、对水流刺激敏感、肠道内充满食物、体表无脏物附着，还可采用"逆水流实验"、"抗离水实验"、"温差实验"等简易方法当场检查虾苗健康程度。为确保虾苗的质量安全，还可委托有关部门检测是否携带致病弧菌和病毒。

① 逆水流实验　将少量虾苗放入圆形水盆中，顺时针方向搅动水体，如果虾苗逆水流游动或趴伏在盆底，说明虾苗活力较好、体质健康，若虾苗顺着水流方向漂流表明虾苗体质弱。

② 抗离水实验　准备一条拧干的湿毛巾，将虾苗从育苗水中取出放置在毛巾上，包埋 3～5 分钟后再放回育苗水体中，观察虾苗的存活情况，如果全部存活表明虾苗体质好，反之说明虾苗的健康水平差。

③ 温差实验　先从育苗池取少量水并把水温降低到 5℃ 左右，取少量虾苗放入冷水中 5～10 秒钟，再迅速捞出放回原水温的育苗水体，观察虾苗的恢复情况。如果虾苗在短时间内恢复活力说明虾苗体质健康，如果虾苗恢复缓慢甚至死亡说明健康水平差。

通常要求养殖池塘水体的 pH、盐度、温度等水质条件应与虾苗池相近，如果存在较大差异的，可在出苗前一段时间要求虾苗场根据池塘水质情况对育苗池水质逐步调节，将虾苗驯化至可适应养殖池塘的水质条件。

（2）虾苗的放养　南美白对虾的放苗水温最好稳定在 20℃ 以上。以往在我国东南沿海地区第一茬虾苗放养时间多选择在清明之后，近年来由于天气条件影响，多将放苗时间推后到端午节前后或 5 月中上旬。目前，虾苗放养有直接放养或经过中间培育（标粗）后再放养于养殖池两种方式。

直接放养就是将虾苗直接放入池塘中养殖至收获。高位池的南美白对虾放养密度一般为每亩 10 万～15 万尾，可依照下列产量规划式计算放苗密度。但根据不同的收获预期可适量增减，如定向生产小规格商品虾的放养密度还可适当提高，或计划在养殖过程中根据对虾规格及市场需求，采取分批收获的也可依照生产计划适当提高放苗密度，但总体最高不得超过每亩 30 万尾。

产量规划式：

$$放苗密度（尾/亩）=\frac{计划产量（千克/亩）×计划对虾规格（尾/千克）}{经验成活率}$$

经验成活率依照往年养殖生产中对虾成活率的经验平均值估算。

虾苗运至养殖场后，先将密闭的虾苗袋放入虾池中漂浮浸泡 30～60 分钟，使虾苗袋内的水温与池水温度相接近，以便虾苗有一个逐渐适应池塘水温的过程。然后，取少量虾苗放入虾苗网置于池水中"试水"半个小时左右，观察虾苗的成活率和健康状况，确认无异常现象再将漂浮于虾池中的虾苗袋解开，在池中均匀放苗。放苗时间应选择在天气晴好的清早或傍晚，避免在气温高、太阳直晒、暴雨时放苗，应选择背风处放苗，避免在迎风处、浅水处放苗。

中间培育俗称"标粗"，指先将虾苗放养至一个相对较小的水体集中饲养一段时间（20～30 天），待生长到虾体长 3～5 厘米后再移到养成池进行养殖。通常标粗池的虾苗放养密度为 120 万～160 万尾/亩。中间培育（标粗）过程中投喂优质饵料，前期可加喂虾片和丰年虫进行营养强化，达到增强体质、提高抗病力的效果。采用中间培育（标粗）的方法可提高前期的管理效率，提高饲料利用率和对虾的成活率，增强虾苗对养殖水环境的适应能力。通过把握好中间培育（标粗）与养成阶段的时间衔接，可缩短养殖周期，实现多茬养殖。

进行虾苗中间培育（标粗）时应注意：①放苗密度不宜过大，以免影响虾苗的生长；②时间不宜过长，一般培育 20～30 天幼虾达到体长 3～5 厘米，就应及时分疏养殖；③幼虾分疏到养成池时，应保证池塘水质条件与标粗池接近，分池时间选择在清晨或傍晚，避免太阳直射，搬池的距离不宜过远，避免幼虾长时间离水造成损伤，整个过程要防止幼虾产生应激反应。

3. 科学投喂

选择人工配合饲料应遵循以下几个原则：营养配方全面，满足对虾健康生长的营养需要；产品质量符合国家相关质量、安全、卫生标准；饲料系数低、诱食性好；加工工艺规范，水中稳定性好、颗粒紧密、光洁度高、粒径均一、粉末少。

在饲料投喂过程中，应把握好投喂时间、投喂量和及时观察三个重要环节。一般在放苗第二天虾苗稳定后即可投喂饲料，若水中浮游动植物的生物量高，能为虾苗提供充足的饵料生物，可在放苗三四天后再开始投喂饲料，但最好不要超过一周。养殖过程中根据对虾规格对应选择 0 号至 4 号饲料，在放苗的一两周内可适当投喂一些虾片和丰年虫有利于提高幼虾的健康水平。日常的饲料投喂时间需根据南美白对虾的生活习性进行安排，高位池养殖每天投喂饲料 3～4 次，可选择在 7：00、11：00、17：00、22：00 进行投喂，日投喂量一般为池内存虾重量的 1%～2%，通常早上、傍晚多投，中午、夜间少投。投喂饲料时应全池均匀泼洒，使池内对虾均易于觅食。为准确把握投喂量，投料后应及时观察对虾的摄食情况。饲料观察网安置在离池边 3～5 米且远离增氧机的地方，每口池塘设置 2～3 个观察网，具有中央排污的池塘还应在虾池中央安设一个观察网，用于观察残余饲料及中央池水污染状况。养殖过程中还应不定期抛网检查对虾生长情况和存活量，根据池塘对虾的数量和大小规格，及时调整饲料型号和投喂量。

检查饲料观察网的时间在不同的养殖阶段有所差别，养殖前期（30 天以内）为投料后 2 小时，养殖前中期（30～50 天）1.5 小时，养殖中后期（50 天至收获）1 小时。每次投料时在饲料观察网上放置的饲料为当次投喂量的 1%～2%，当观察网上没有剩余饲料且网上聚集虾的数量较多，八成以上对虾的消化道存有饲料，可维持原来的投喂量；网上无饲料剩余，聚集虾的数量少，对虾消化道中饲料不足，则需适当增加饲料量；如果观察网上还有剩余饲料即表明要适量减少饲料投喂量。

此外，还应该根据天气和对虾情况酌情增减饲料投喂量，养殖前期多投，中后期"宁少勿多"；气温突然剧烈变化、暴风雨或连续阴雨天气时少投或不投，天气晴好时适当多投；水质恶化时不投；对虾大量蜕壳时不投，蜕壳后适当多投。

4. 水环境管理

由于养殖密度高和缺乏底泥生态系统的缓冲，高位池中水体环境相对较为脆弱，主要依赖人工调控稳定水质。一般高位池养殖南美白对虾的水温为 20～32℃、盐度为 5～35，水温和盐度的日变化幅度不应超过 5 个单位；适宜 pH 为 7.8～8.6，日变化不宜超过 0.5。溶解氧大于 4 毫克/升以上；透明度 30～50 厘米；氨氮小于 0.5 毫克/升，亚硝酸盐小于 0.2 毫克/升。

（1）养殖过程水环境管理的基本原则　养殖前期实行全封闭式管理。放苗前进水 1.2～1.5 米之后 30 天内不换水。根据水色状况和天气情况，施用有益菌制剂和微藻营养素，维持稳定的菌藻密度及优良的菌相和藻相，保持水体的"肥"和"活"。

养殖前中期实行半封闭式管理。放苗一个月后随着饲料投喂量的增加，水体中的养殖代谢产物开始增多，此时可逐渐加水至满水位，并根据水质变化和水源的质量情况适当添（换）水，一次添（换）水量为养殖池水容量的 5%～10%。同时，科学使用有益菌制剂和水质改良剂为水体"减肥"，保持养殖水环境的稳定。

养殖中后期实行有限量水交换。放苗 50 天后进入养殖中后期，虾池自身污染日渐加重。此时应适当控制饲料的投喂，实施有限量水交换排出池底污物（3～5 天的换水量 10%～20%），加强使用有益菌制剂和水质改良剂净化水质，强化增氧使日均溶解氧保持在 4 毫克/升以上。通过"控料"、"换水"、"用菌"、"高氧"等措施稳定水质，保持水体"活"、"爽"。

（2）水环境管理的具体措施

① 适量换水　换水可移除部分养殖代谢废物，改善底质状况，降低水体营养水平，控制微藻密度，适当调节水体盐度和透明度，调节水温，刺激对虾蜕壳。应根据养殖池内水质状况进行适时适量地换水，可秉持"三换"、"三不换"的原则。

"三换"指的是：水源条件良好，理化指标正常且与池内水体盐度、温度、pH 等相差不大时可换；高温季节时水温高于 35℃，天气闷热，气压低，在可能骤降暴雨前尽快换水，避免池塘水体形成上冷下热的温跃层现象，暴雨过后可适当加大排水量，避免大量淡水积于表层形成水体分层；池内水质环境恶化，对虾摄食量大幅减少时可适当换水，例如池底污泥发黑发臭、水中有机质过多、溶解氧日均低于 4 毫克/升、水色过浓且透明度低于 25 厘米，或浮游动物过量繁殖、透明度大于 60 厘米、水体酸碱度异常（pH 低于 7 或高于 9.6）。出现上述情况均可适当换水，换水不宜过急、过多，避免大排大灌，以免环境突变，使对虾产生应激反应而发病或死亡，一般换水量不得超过池内总水量的 30%。

"三不换"指的是：当对虾养殖区发生流行性疾病，为避免病原细菌和病毒的传播不宜换水；养殖区周边水域发生赤潮、水华或有害生物增多时不宜换水；水源水质较差甚至不如池内水质时不宜换水。

不同养殖阶段换水的措施应有所区别。通常养殖前期池水水位较低只需添加水而不排水，可以随对虾生长逐渐增加新鲜水源。养殖中期适当加大换水量，每 5～7 天换水一次，每次换水量为池塘总水量的 5%～10%。养殖后期随着水体富营养化程度升高，可逐渐加大换水量，每 3～5 天换水一次，每次换水量为池塘总水量的 10%～20%。

② 微生态调控　利用有益菌、水质/底质改良剂调控水质，促进养殖代谢产物的及时分解转化，达到净化和稳定水质的目的。目前，高位池养殖中常用的有益菌制剂主要包括芽孢杆菌、光合细菌、乳酸菌等。其中芽孢杆菌制剂需定期使用，促进有益菌形成生态优势，抑制有害菌的滋生，加强养殖代谢产物的快速降解，促进优良微藻的繁殖与生长，维持良好藻相。光合细菌制剂和乳酸菌制剂根据水质情况不定期施用。光合细菌主要用于去除水体中的氨氮、硫化氢、磷酸盐等，减缓水体富营养化，平衡微藻藻相，调节水体 pH 值；乳酸菌用于分解小分子有机物，去除水中亚硝酸盐、磷酸盐等物质，抑制弧菌滋生，起到净化水质、平衡微藻藻相和保持水体清爽的效果。

不同类型菌剂的使用方法有所不同。在高位池养殖过程中芽孢杆菌的施用量相对较大，以池塘水深 1 米计，有效菌含量为 10 亿/克的芽孢杆菌制剂，在养殖前期"养水"时用量为 1.5～3 千克/亩，养殖过程每隔 7～10 天施用 1 次，直到养殖收获，每次施用量为 1.0～1.5 千克/亩。使用时，可直接泼洒使用，也可将菌剂与

0.3～1 倍的花生麸或米糠混合搅匀，添加 10～20 倍的池水浸泡发酵 8～16 小时，再全池均匀泼洒，养殖中后期水体较肥时适当减少花生麸和米糠的用量。光合细菌制剂在养殖全程均可使用，以池塘水深 1 米计，有效菌含量为 5 亿/毫升的液体菌剂，每次施用量为 3.0～5.0 千克/亩，每 10～15 天使用 1 次；若水质恶化、变黑发臭时可连续使用 3 天，水色有所好转后再每隔 7～8 天使用 1 次。乳酸菌制剂的用量以池塘水深 1 米计，有效菌 5 亿/毫升的液体菌剂，每次用量为 2.5～4.5 千克/亩，每 10～15 天使用 1 次；若遇到水体溶解态有机物含量高、泡沫多的情况，施用量可适当加大至 3.5～6 千克/亩。施用有益菌制剂后 3 天内不宜使用消毒剂，若确实必须使用消毒剂的，应在消毒 2～3 天后重新使用有益菌制剂。

在采用由水车式增氧机、射流式增氧机、充气式增氧机组合的立体增氧系统的高位池，可考虑在养殖中后期应用菌碳调控技术促进水体生物絮团的形成，提高异养细菌丰度，提高水体菌群的物质转化效率，同时为养殖对虾供给丰富的生物饵料，降低饲料系数。一般可在原有微生态调控技术的基础上，按 3 天 1 次的频率，以日饲料重量的 50% 施用糖蜜，同时配合使用一定量的芽孢杆菌制剂，在天气晴好的上午，第一次投喂饲料 1 小时后，称取所需糖蜜量和芽孢杆菌制剂与池塘水混合搅拌均匀后全池泼洒。应用碳菌调控技术时，尤其需注意保证水体日均溶解氧含量大于 4 毫克/升和 pH 日均值稳定于 7.5～8.6。张晓阳等（2013）采用该技术养殖南美白对虾，养殖产量和净利润分别提高了 19% 和 31%，饲料系数及养殖成本分别降低了 22% 和 5%。

③ 适时使用水质、底质改良剂　使用理化型水质、底质改良剂，利用物理、化学的原理通过絮凝、沉淀、氧化、络合等作用清理水体中的养殖代谢产物，达到清洁水质、改善水环境的效果。常用的理化型水质、底质改良剂包括生石灰、沸石粉、颗粒型增氧剂（过氧化钙）、液体型增氧剂（双氧水）、腐殖酸等。

a. 生石灰，学名氧化钙，具有消毒、调节 pH、络合重金属离子等作用。一般在高位池养殖的中后期使用，特别是在暴雨过后使用生石灰调节 pH。每次用量为 5～10 千克/亩，具体应根据水体的 pH 情况酌情增减。

b. 沸石粉是一种碱土金属的铝硅酸盐矿石，内含许多大小均一的空隙和通道，具有较强的吸附效用，可吸附水体中的有机物、细菌等，还可起到调节池水 pH 的作用。养殖全程均可使用，一般每 15～30 天使用一次，养殖前期每次施用量为 5～10 千克/亩，中后期用量每次施用量为 15～20 千克/亩。

c. 过氧化钙为白色或淡黄色结晶性粉末，粗品多为含结晶水的晶体，通常被制成颗粒型增氧剂，也有部分为粉剂型增氧剂。过氧化钙的化学性能不稳定，入水后容易与水分子发生化学反应，释放出初生态氧和氧化钙，初生态氧具有较强的杀菌力。因此，它既可提高水体溶解氧含量，还可起到杀菌、平衡 pH、改良池塘底质的作用。在高位池养殖中后期可经常使用，夜晚可按 1～1.5 千克/亩全池泼洒，预防对虾缺氧；在气压低、持续阴雨的条件下，对虾尤其容易在夜晚发生缺氧，可按 1～2 千克/亩的用量全池泼洒，有利于缓解对虾缺氧症状。

d. 双氧水是一种在养殖过程中常见的液体型增氧剂，其学名为过氧化氢溶液，为无色透明液体，含 2.5%～3.5% 的过氧化氢，浓双氧水含过氧化氢 26%～28%。它具有良好的增氧、杀菌作用。使用时可考虑利用特制的设备灌至池底，可有效缓解对虾缺氧症状，同时也可有效改善池塘水质和底质环境。

④ 增氧机的使用　增氧机是水产集约化养殖中必不可少的设施，它不仅可以提高养殖水体中的溶解氧含量，还可促进池水水平流动和上下对流，保持水体的"活"、"爽"。通常在高位池养殖中，较为常用的有水车式增氧机、射流式增氧机、充气式增氧机，其中以二至四叶轮的水车式增氧机最为常见。在高密度的对虾高位池养殖中，可选择不同类型的增氧机组合使用，强化水体的立体增氧效果。水层增氧系统按每 3 亩养殖水面配备 2 台功率 0.75 千瓦水车式增氧机和 2 台 1.5 千瓦射流式增氧机，底层充气式增氧依靠鼓风机连接导气系统，在池塘底部均匀安置散气管、纳米管或散气石等，水底的气孔压强 3～10 千帕，直接将空气导入水体中，达到增氧效果。增氧机的使用与养殖密度、气候、水温、池塘条件及配置功率有关，需结合具体情况科学使用，才能起到事半功倍的效果。

养殖前期（30 天内）池中的总体生物量较低，一般不出现缺氧的状况，开启增氧机主要是促进水体流动，使微藻均匀分布，提高微藻的光合作用效率，保证"水活"。养殖前中期（30～50 天）对虾生长到了一定规格，随着池中生物量增大，溶解氧的消耗不断升高，需要增加人工增氧的强度。在天气晴好的白天，微藻光合作用增氧能力较强，一般可不开或少开增氧机，但在夜晚至凌晨阶段以及连续阴雨天气时，应保证增氧机的开启，确保水体中溶解氧日均含量大于 4 毫克/升。养殖中后期（50 天至收获）对虾个体相对较大，池内总体生物量和水体富营养化程度不断升高，要保持水中溶解氧的稳定供给，尤其需防控夜晚至凌晨时分对虾出现缺氧状况。这个阶段增氧机可全天全部开启，只在投喂饲料后一两个小时内稍微降低增氧强度，保留一两台增氧机开启，减少水体剧烈运动以便对虾摄食。

5. 日常管理工作

日常管理工作是否到位是决定养殖成功与否的关键之一。养殖过程中应及时掌握养殖对虾、水质、生产记录和后勤保障等方面的情况，并做出有效的应对管理措施。作为养殖管理人员每天需做到至少早、中、晚三次巡塘检查。

观察对虾活动与分布情况。及时掌握对虾摄食情况，在每次投喂饲料 1～2 小时后观察对虾的肠胃饱满度及摄食饲料情况。定期测定对虾的体长和体重，养殖中后期每隔 15～30 天抛网估测池内存虾量，及时调整不同型号的饲料，决定收获时机。观察中央排污口是否漏水，每天在中央排污口处仔细观察是否有病死虾，估算死虾数量。

观察水质状况，调节进排水。每天测定温度、盐度、pH、水色、透明度等指标，每周监测溶解氧、氨氮、亚硝酸盐、硫化氢等指标，定期取样检测浮游生物的种类与数量，采取措施调节水质，稳定水中的优良藻相，防止有害生物的大量生长。

饲料、药品做好仓库管理，进、出仓需登记，防止饲料、药品积仓。做好养殖过程有关内容的记录（如放苗量、进排水、水色、施肥、发病、用药、投料、收虾等），整理成养殖日志，以便日后总结对虾养殖的经验、教训，实施"反馈式"

管理，建立对水产品质量可追溯制度，为提高养殖水平提供依据和参考。

每天检查增氧机的开启情况，检查增氧机、水泵及其他配套设施是否正常运作，定期试运行发电机组。清除养殖场周围杂草，保障道路通畅，保障后勤，改善工人福利。

6. 收获

收获时机的把握与养殖效益密切相关。当养殖对虾达到商品规格时，若市场价格合适，符合预期收益，可考虑及时收获。如果养殖计划为高密度放苗分批收获的，应实时掌握对虾的生长情况，根据市场需求和虾体规格适时收获，利用合适孔径的捕虾网进行"捕大留小"式收获，降低池塘对虾的密度，再进行大规格对虾的养殖。当养殖周边地区出现大规模发病的迹象，预计可能会对自身的养殖生产产生不良影响时，也应考虑适时收虾。收获前应参看生产记录，确定近期未用药情况，满足休药期要求，再抽样检测保证质量安全才收获出售。

收获时，先排出池塘水至水深 40～60 厘米，再以渔网起捕装箱，当池中对虾不多时再排干池水收虾。采用分批收获的，在第一次起捕后应及时补充进水，并根据水质和对虾健康状况，施用抗应激的保健投入品和底质改良剂，提高对虾抗应激能力，稳定池塘水质，在 2～3 天内还应加强巡塘和强化管理，避免存池对虾应激反应大量死亡。存池对虾经过一定时间生长到较大规格收获时，再参考上述方法进行收获操作。

7. 养殖污物及尾水的处理

为保障养殖区水域环境不受污染，保证对虾养殖生产的可持续发展，最好在养殖区域设置养殖尾水排放渠，尾水在沟渠中进行综合生态净化处理后再行排放或循环利用。在养殖尾水排放沟渠中合理布局，放养一些滤食性的鱼类、贝类、大型藻类，并安置一定体积的有益微生物附着膜或其他简易介质。利用滤食性鱼类、贝类滤食水体中的有机颗粒和细小生物，大型藻类吸收溶解性的营养盐，微生物降解水中的溶解性和悬浮性有机质，通过不同生物的生态链式净化处理，降解、转化、吸收养殖尾水中的污染物，实现水体的净化。

目前对虾养殖生产多采用单池结构，由于养殖者大多按照季节更替的自然规律进行对虾养殖生产，一般一年养殖一茬或两茬，所以，大部分的成品对虾集中在 7～8 月和 11～12 月上市。一方面导致因对虾市场供应在短时间内过于集中，售价大幅度下滑；另一方面在非传统的对虾收获季节时，市场上无充足的鲜活对虾供应。另外，虾池在适合养殖的时间内至少有约 100 天闲置，降低了养殖设施的利用率。为改变此不利局面，在有条件的地区可采用多级高位池养殖模式进行对虾养殖。

1. 养殖池系统结构

分级高位池养殖系统是在普通高位池的基础上改造而来的。可采用串联型两级养殖池结构，将两个大小池串联，也可把一个一级池联接多个二级池，一级池与二级池的面积比例一般为 1:4。一级池与二级池间设连通管（移虾管），移虾管的一端与一级池的底部连接，另一端与二级池的侧壁相连，管道直径应大于 30 厘米，开口两端的高度落差应大于 1.5 米，以利于实现将一级池的幼虾全部无损伤地转入二级池中养殖（图 4-4）。

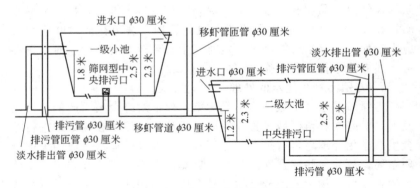

图 4-4　串联式对虾高位池养殖系统

养殖生产时，二级池首次进水 1.2 米深左右，培育优良的菌相和微藻藻相，使芽孢杆菌等有益菌形成生态优势；构建以绿藻、硅藻等有益藻为优势的藻相，水体透明度达到 40～60 厘米。再将一级池中的移虾管打开，使幼虾随水流一起进入二级池养成。

此外，分级养殖池塘也同普通高位池一样配有完善的管道系统和配套池系统，其中，管道系统包括移虾管、进水管、排水管、排污口、排水井等，配套池系统包括沙滤池、蓄水消毒池等。增氧机装配强度相对较大，一般采用立体式的增氧系统。水层增氧系统按每 3 亩养殖面积配备 2 台功率 0.75 千瓦水车式增氧机和 2 台 1.5 千瓦射流式增氧机，同时，还配有底层充气式增氧机，直接将空气导入水体中，达到强化增氧的效果。

2. 养殖工艺

养殖过程中，一级养殖池放养南美白对虾虾苗的密度为 120 万～150 万尾/亩，虾苗体长 1 厘米，养殖 40～50 天，幼虾生长至体长 4～6 厘米，虾只通过一级池的移虾管进入二级池进行成虾养殖。二级养殖池放养密度为 10 万尾/亩左右。

(1) 第一茬　2 月初，一级池加盖温棚，使水温保持在 20℃以上，进水培好水质；2 月中旬投放虾苗养殖 50 天，幼虾生长至体长 4～6 厘米；3 月下旬将大部分幼虾通过移虾管连虾带水转移到二级池养成，也可存留一小部分幼虾在一级池继续养成，至 4 月下旬提早收成，在气温稳定在 25℃以上时拆除温棚。二级池在 3 月中旬时进水培好水质，3 月下旬将一级池养殖的幼虾带水移入二级池，对虾养殖 50 天达到 80～100 尾/千克的规格，于 5 月中旬收成。

(2) 第二茬　4 月下旬，一级池进水培好水质，5 月上旬放苗养殖 30 天，幼虾体长达 4～5 厘米，6 月上旬将大部分幼虾移进二级池，存留小部分幼虾继续养成，于 8 月中旬收成。二级池在 5 月下旬时进水培好水质，6 月上旬将一级池养殖的幼虾移入，养殖 90 天达到 50～60 尾/千克的规格，于 9 月上旬收成。

(3) 第三茬　8 月中旬一级池进水培好水质，8 月下旬放苗养殖 30～40 天，9 月下旬将大部分幼虾移进二级池，存留小部分幼虾继续养成，于 12 月下旬收成。养殖后期如水温下降应加盖温棚，使水温保持在 20℃以上。二级池在 9 月中旬时进水培好水质，9 月下旬将一级池养殖的幼虾移入，养殖 90 天达到 80 尾/千克的规格，12 月下旬收成。养殖后期如水温下降应加盖温棚，使水温保持在

20℃以上。

第二节　滩涂土池养殖模式

一、滩涂土池养殖模式的特点

在滩涂上建造池塘进行对虾养殖，一般池塘面积为 1～20 亩，水深为 1.2～1.5 米，配有进、排水系统和一定数量的增氧机（彩图 27）。该养殖模式所需投入的成本相对较小，养殖管理也较简单，又能取得一定的养殖效益，为广大群众所接受。以一家一户进行对虾养殖的多采用该模式。但由于该养殖模式的池塘配套设施相对简陋，缺乏精细化管理，养殖过程的病害防控存在一定的困难。

滩涂土池养殖南美白对虾，放苗密度通常为 4 万～6 万尾/亩，根据增氧机配置及进排水情况可适当增减。养殖全程实施半封闭式的管理，养殖前期逐渐添水，养殖后期少量换水。放苗前培育优良的微藻藻相和菌相，营造良好的水体环境，为幼虾提供充足的生物饵料，养殖过程投喂优质人工配合饲料。每 10～15 天定期施用芽孢杆菌制剂，不定期施用光合细菌、乳酸菌等有益菌制剂，根据水体状况不定期使用底质改良剂。通过调控水体生态环境，强化养殖对虾体质，综合防控病害的发生。此外，根据不同地区水质情况也可在对虾养殖过程中套养少量的罗非鱼、鲻鱼、草鱼、革胡子鲇等杂食性或肉食性鱼类，摄食池塘中有机碎屑和病死虾，起到优化水环境和防控病害暴发的效果。通常采用滩涂土池养殖南美白对虾的单茬产量可达到 300～500 千克/亩。

二、滩涂土池养殖的技术流程

1. 虾苗放养前的准备工作

（1）清理池塘及消毒除害　在上一茬养殖收虾后，把池塘中的积水排干，暴晒至底泥无泥泞状，对池塘进行修整。利用机械或人力把池底淤泥清出池外或利用推土机将表层 10～20 厘米的底泥去除。清理的淤泥不要简单堆积在池堤上，以免随水流回灌池中。平整池底，检查堤基、进排水口的渗漏及坚固情况，及时修补、加固。池塘清理修整后撒上石灰，再进行翻耕暴晒，使池底晒成龟裂状为好，从而杀灭病原微生物、纤毛虫、夜光虫、甲藻、寄生虫等有害生物。

根据当地水域的具体情况，选用生石灰、漂白粉、茶籽饼、鱼藤精、敌百虫等药物，杀灭杂鱼、杂虾、杂蟹、小贝类等竞争性生物和鲷科鱼类、弹涂鱼等捕食性生物。使用药物消毒除害时应选用高效、无残留的种类，根据药品说明书上的要求科学用药，使用量可根据药品种类、池塘大小、既往发病经历、池塘理化条件等酌情增减。在放苗前 10～15 天选择在晴好天气下用药，用药前池塘内先引入少量的水有利于药物溶解和在池中均匀散布，所进水源需经 60～80 目的筛绢网过滤。消毒时应保证池塘的边角、缝隙、坑洼处都能施药到位，消毒彻底。用茶籽饼或生石灰消毒后无须排掉残液，使用其他药物消毒的尽可能把药物残液排出池外。在养殖生产中可将清淤、翻耕、晒池、整池、消毒等工作结合起来，有利于提高工作效率。

（2）进水与水体消毒　选择水源条件较好时进水，先将水位进到 1 米左右，后续在养殖过程中根据池塘水质和对虾生长状况逐渐添加新鲜水源直到满水位为止，养殖中后期根据养殖情况适当换水。对于水源不充足、进水不方便的池塘，应一次性进水到满水位，养殖过程中实现封闭式管理，只是适时添加少量新鲜水源，补充因蒸发作用导致的水位下降。

所进水源需经 60～80 目的筛绢网过滤，进水后使用漂白粉、溴氯海因、二氯异氰尿酸钠、三氯异氰尿酸等水产养殖常用消毒剂消毒水体。消毒剂可直接化水全池泼洒，也可采用"挂袋"式的消毒方法。"挂袋"式消毒方法是将进水闸口调节至合适大小，把消毒剂捆包于麻包袋中，放置在进水口处，水源流经"消毒袋"后再进入池塘，从而起到消毒的效果。

（3）放苗前优良水环境的培育　培养优良的菌相和微藻藻相，营造良好水色，这是对虾养殖前期管理的关键措施之一。在放苗前一周左右，施用微藻营养素和芽孢杆菌制剂培养优良微藻藻相和菌相。根据池塘的营养状况选用合适种类的微藻营养素。对于底泥有机质丰富或养殖区水源营养程度高的池塘，应选用无机复合营养素，该种营养素富含不易为底泥吸附的硝态氮和均衡的磷、钾、碳、硅等营养元素，容易被浮游微藻直接吸收，同时配合使用一定量的芽孢杆菌制剂。对于新建的或底质贫瘠、水源营养缺乏的池塘，应该选用无机有机复合营养素，无机营养盐可直接被微藻吸收利用，有机质成分可维持水体肥力。

有养殖户采用粪肥"肥塘"，如果施用不当，不但水体增肥效果有限，还会导致池底有机质积累引起水环境恶化。其实粪肥主要是一种有机肥，需经充分发酵后再使用，养殖生产中一般将它与生石灰混合后充分发酵 3～5 天再使用，最好是与芽孢杆菌等有益菌制剂一起发酵，通过有益微生物的充分降解，既可提高粪肥的肥效，还可降低有机质在池塘中的耗氧。粪肥的用量不宜过多，要根据池塘的具体情况而定，最好同时配合施用一定量的氮、磷无机肥，保证水体营养的平衡。

在第一次"施肥"的 2～3 周后还应再追施 2～3 次营养素和芽孢杆菌制剂，以免因微藻大量繁殖消耗水体营养使得后续营养供给不足而造成微藻衰亡。通过联合使用微藻营养素和芽孢杆菌等有益菌制剂，为微藻提供可即时吸收利用的无机营养素，还可通过有益菌降解池底和营养素中的有机质，保证营养的持续供给，促进微藻的稳定生长。

2. 虾苗的选购和放养

（1）虾苗选购　施用微藻营养素和有益菌一周左右，营造了良好水色，即可放养虾苗进行养殖。优质虾苗的选购和科学放养是保证对虾养殖成功的一个重要前提。

选购虾苗前最好先到虾苗场进行考察，了解虾苗场的生产设施与管理、生产资质文件、亲虾来源与管理、虾苗健康水平、育苗水体盐度等，选择在虾苗质量好、信誉度高的企业购买虾苗。选购的虾苗个体全长 0.8～1.0 厘米、虾苗群体规格均匀、虾体肥壮、形态完整、身体透明、附肢正常、游动活泼有力、对水流刺激敏感、肠道内充满食物、体表无脏物附着。为确保虾苗的质量安全，还可委托有关部门检测是否携带致病弧菌和特异性病毒。

养殖池塘水体的 pH、盐度、温度等水质条件应与育苗池的相近，如果存在较大差异的，可在出苗前一段时间要求虾苗场根据池塘水质情况对育苗池水质进行调节，将虾苗驯化至能够适应养殖池塘的水质条件。一般虾苗的运输多采用特制的薄膜袋，容量为30升，装水 1/3～1/2，装苗 5000～10000 尾，袋内充满氧气，经过10～15 小时的运输虾苗仍可存活。如果虾苗场与养殖场的距离较远、虾苗运输时间较长，选购时可酌情降低虾苗个体规格或苗袋装苗数量，以保证虾苗经过长距离运输的成活率。

（2）虾苗放养　通常滩涂土池养殖南美白对虾的放苗密度为4万～6万尾/亩，但在具体操作中，放养密度还应综合考虑水深、换水频率、虾苗的规格与质量、增氧强度、商品对虾的目标产量及规格、养殖技术水平和生产管理水平等多种因素的影响。虾苗放养密度可参考如下公式计算。

产量规划式：

$$放苗密度(尾/亩)=\frac{计划产量(千克/亩)×计划对虾规格(尾/千克)}{经验成活率}$$

经验成活率依照往年养殖生产中对虾成活率的经验平均值估算。如果虾苗经过中间培育（标粗）且体长达到3厘米左右的，经验成活率可按 85% 计算。

南美白对虾的放苗水温最好达到 20℃ 以上，气温低于 20℃ 时需加盖温棚。根据近年来我国对虾养殖主产区的天气变化情况，一般在未搭建温棚的条件下，虾苗放养时间多选择在4月中下旬至5月中下旬。虾苗放养包括直接放养或经过中间培养（标粗）后再放入养成池养殖两种方式。

直接放养是指将虾苗直接放入池塘中一直养至收获。虾苗运至养殖场后，先将虾苗袋在虾池中漂浮 30～60 分钟，使虾苗袋内的水温与池水温度接近，使虾苗逐渐适应池塘水温。然后取少量虾苗放入虾苗网，置于池水中"试水"半个小时左右，观察虾苗的成活率和健康状况，确认无异常现象再将漂浮于虾池中的虾苗袋解开，在虾池中均匀投放。放苗时间应选择在天气晴好的清早或傍晚，避免在气温高、太阳直晒、暴雨时放苗；应选择背风处放苗，避免在迎风处、浅水处放苗。

采取中间培养（标粗）的方式，可先将虾苗放养至一个较小的水体中集中饲养一段时间（20～30 天），待幼虾生长到体长 3～5

厘米后再移到养成池中养殖。中间培养（标粗）时可利用小面积的虾池（2～5亩）集中培养虾苗，然后再分疏于多个池塘进行养成；或者在面积较大的池塘中筑堤围隔成一口小池，在小池内培养虾苗，幼虾长大后通过小池闸门或破开池堤进入外围大池进行养成。标粗池和养成池的比例一般可按水体容积比（1∶3）～（1∶5）配置。此外，还可选择在池边便于操作的地方，架设简易筛绢栏网进行虾苗集中培养，栏网网孔大小为40～60目，到幼虾长至体长3～5厘米再把栏网撤去将虾只疏散至整个池塘中进行养殖。通常中间培养（标粗）的虾苗放养密度为120万～160万尾/亩。中间培养（标粗）过程中投喂优质饵料，前期可加喂虾片和丰年虫进行营养强化，增强体质、提高抗病力。

采用中间培养（标粗）的方法可提高养殖前期的管理效率，提高饲料利用率和对虾成活率，增强虾苗对养殖水环境的适应能力。通过把握好中间培养（标粗）与养成时间的衔接，还可缩短养殖周期，实现一年多茬养殖。进行操作时应注意：①放苗密度不宜过大，以免影响虾苗的生长；②时间不宜过长，一般为20～30天，幼虾达到体长3～5厘米就应及时分疏养殖；③幼虾分疏到养成池时，应保证池塘水质条件与标粗池接近，分池时间选择在清晨或傍晚，避免太阳直射，搬池的距离不宜过远，避免幼虾长时间离水造成损伤，整个过程要防止幼虾产生应激反应。

3. 科学投喂

选择人工配合饲料应遵循以下几个原则：营养配方全面，满足对虾健康生长的营养需要；产品质量符合国家相关质量、安全、卫生标准；饲料系数低、诱食性好；加工工艺规范，水中的稳定性好、颗粒紧密、光洁度高、粒径均一、粉末少。

直接放苗养殖的池塘，如果水色呈豆绿色、黄绿色或茶褐色，水中浮游微藻数量较多，可观察到大量浮游动物，说明池中饵料生物丰富，在放苗后一周之内可不投喂人工配合饲料。如果放苗时水色浅，水中浮游生物少，放苗当天或第二天就应开始投喂饲料。若所放养的是经过中间培养（标粗）的幼虾，在放养当天开始投喂饲料。总体而言，开始投喂饲料的时间要根据放苗密度、饵料生物的数量以及虾苗规格等因素确定。对进行中间培养（标粗）的虾苗，在放苗的一两周内可适当投喂一些虾片和丰年虫，提高幼虾的健康水平。

滩涂土池养殖南美白对虾，日常的饲料投喂频率为每天 3 次较好，可选择在 7：00、11：00、18：00 投喂，日投喂量一般为池内存虾重量的 1%～2%。傍晚时的投喂量为日投喂量的 40%，早上和中午各为 30%。养殖过程应该视养殖密度、天气情况、水质、对虾健康状况等适量增减投喂量和投喂次数。

在离池边 3～5 米且远离增氧机的地方安置 2～3 个饲料观察网，用以观察养殖对虾的摄食情况。每次投喂饲料时在观察网上放置约为当次投喂量 1% 的饲料，投料后 1～1.5 小时检查观察网的余料情况。如果网上没有饲料剩余，八成以上的对虾食道均呈现暗褐色或黑色说明投喂量合适；网上没有饲料剩余，对虾食道中饲料少说明投喂量不足，可适当增加；网上有饲料剩余，大部分对虾食道中饲料充足即表明投喂过量，需适度减少。饲料过量投喂不仅会使饲料系数增高，增加养殖成本，而且残余的饲料还会沉积在池塘环境中导致水质恶化，影响对虾的健康生长，甚至诱发病害。因此，在对虾养殖过程应采取科学的投喂策略，一般在养殖前期多投，中后期"宁少勿多"；气温剧烈变化、暴风雨或连续阴雨天气时少投或不投，天气晴好时适当多投；水质恶化时不投；对虾大量蜕壳时不投，蜕壳后适当多投。

此外，在饲料投喂中还应根据对虾规格及时调整投喂饲料的型号，饲料颗粒过大或过小均不利于对虾摄食。还可根据虾体健康状况和天气情况适当选择一些添加了芽孢杆菌或中草药成分的功能饲料，也可自行利用芽孢杆菌、乳酸菌、酵母菌、中草药进行饲料拌喂，以提高饲料利用率，增强养殖对虾的抗病和抗逆能力，提升机体健康水平。

4. 水环境管理

（1）封闭型与半封闭型的水质管理　在滩涂土池养殖南美白对虾的过程中秉持有限量水交换的原则。养殖前期（30 天内）保持不添水、换水，实行全封闭式管理；中后期为半封闭式管理，中期逐渐添水至满水位，后期根据池塘水质变化、对虾健康状况、水体藻相结构和密度，以及外界水源水质情况适量换水。应尽量保持池塘水环境的稳定，每次添（换）水量不宜过大，为池塘总水量的 5％～15％。

近年来，由于对虾养殖的快速发展，有些地区的养殖场日渐增多。为保证水源质量，有条件的可配置蓄水消毒池，先将水源引入蓄水池进行沉淀、消毒处理后再引入养殖池，避免由水源带入的污染和病原生物，保证养殖对虾的健康，还可保障优质水源的供应。另外，还应综合考虑水源盐度情况，在有些地区不同季节、不同潮汐情况下的水体盐度存在较大差别，为保持养殖水环境稳定、避免造成对虾应激反应，所进水源可在蓄水池中将盐度调节至与养殖水体接近后再引入池塘。

（2）水体微生态调控　利用有益菌制剂调控养殖水质已广为对虾养殖户所接受并应用。不同种类的有益菌其功能和使用方法存在一定的差别，生产中常用的有益菌主要有芽孢杆菌、光合细菌和乳酸菌等几大类。其中芽孢杆菌可快速降解养殖代谢产物，促进池塘的物质循环，为微藻生长繁殖提供有利条件，稳定维持优良的微藻藻相。当其在池塘中形成有益菌生态优势时，还能抑制弧菌等有害菌的滋生，防控养殖病害的发生。光合细菌能有效吸收水体中的氨氮、硫化氢、磷酸盐等，减轻养殖水体富营养水平，通过与微藻的生态位竞争，还能起到平衡微藻藻相、调节水体 pH 值的功效。乳酸菌对水体中的溶解态有机质有较强的降解转换能力，净化水质的效果明显，同时还能有效降低水环境中亚硝酸盐、磷酸盐等，促使水色保持清爽、鲜活，还对病原弧菌具有抑杀作用。施用有益菌制剂后一般不应换水和使用消毒剂，若确需换水或消毒，应在换水后或消毒 2～3 天后再重新施用有益菌制剂。此外，在某些情况下还可将有益菌制剂与理化型的水质、底质改良剂配合使用，可起到良好的协同功效。下面对不同类型的有益菌制剂和水环境改良剂的使用方法进行系统的介绍。

① 定期施用芽孢杆菌　晴好天气条件下，每隔 7～15 天定期施用一次芽孢杆菌制剂，直到养殖收获。含芽孢杆菌活菌量 10 亿/克的菌剂，水体按 1 米水深计算，放苗前的使用量为 1～2 千克/亩，养殖过程中的用量为 0.5～1 千克/亩。使用前可将菌剂与0.3～1 倍重量的花生麸或米糠混合，并加入 10～20 倍重量的池塘

水搅拌均匀，浸泡发酵 8~16 小时，再全池均匀泼洒，养殖中后期水体较肥时适当减少花生麸和米糠的用量。也可将菌剂直接用池水溶解稀释后全池均匀泼洒。

② 不定期施用光合细菌　养殖过程不定期施用光合细菌制剂，可有效缓解水体氨氮过高、水体过肥、微藻过度生长等问题。即使在连续阴雨天气时，施用光合细菌净化水质，也不会增加水体溶解氧的负荷。含光合细菌活菌 5 亿/毫升的菌剂，按水体为 1 米水深计算，使用量为 2.5~3.5 千克/亩。若水质恶化出现变黑发臭，可连续使用 3 天，待水色有所好转后隔 7~8 天再使用 1 次。如果水色较清、透明度高，可选用加肥型光合细菌制剂，用量为 3~5 千克/亩，连续使用 3 天，在水色和透明度情况有所好转后，隔 10~15 天可再次使用。使用时直接用池塘水稀释全池均匀泼洒。

③ 不定期施用乳酸菌　养殖过程不定期施用乳酸菌制剂，不仅可快速去除溶解态有机物如有机酸、糖、肽等，而且还可有效净化水中的亚硝酸盐，使水质清新；由于乳酸菌生命活动过程产酸，故还可起到调节水体 pH 的作用。所以，当出现水质老化、溶解态有机物多、亚硝酸盐高、pH 过高等情况时，可施用乳酸菌制剂调节水质。含乳酸菌活菌 5 亿/毫升的菌剂，按水体为 1 米水深计算，使用量为 2.5~3 千克/亩，每 10~15 天使用 1 次。如果水色浓、透明度低，可适当加大用量至 3.5~6 千克/亩；水色清、微藻繁殖不良时，可选用加肥型乳酸菌制剂，用量为 2~3 千克/亩。使用时可直接用池塘水稀释后全池均匀泼洒，也可将它与 5% 的红糖混合后发酵 8~16 小时再施用。

④ 适当使用水质、底质改良剂　养殖中期以后，每隔 2~3 周施用沸石粉、麦饭石粉、过氧化钙等水质改良剂，有利于吸附水体中的有害物质，结合有益菌制剂一同施用，能有效改善养殖生态环境。

当遭遇强降雨天气，pH 过低，应在养殖池中泼洒适量的石灰水。当水体 pH 过高，可适量施用腐殖酸，促使水体 pH 缓慢下降并趋向稳定。但相关产品的单次使用量不宜过大，以免引起水体 pH 剧烈变化导致对虾应激甚至死亡。

养殖中后期池中对虾的生物量较高，遇上连续阴雨天气、底质恶化等情况，容易造成水体缺氧。此时应及时使用液体型或颗粒型的增氧剂，迅速提高水体溶解氧含量，短时间内缓解水体缺氧压力。

（3）增氧机的使用　通常 1～3 亩的养殖面积配备 1 台功率为 0.75～1.5 千瓦的水车式增氧机，具体配置数量和功率型号应该根据对虾养殖密度合理安排。增氧机的主要功能一方面是通过增强水体与空气的接触增加氧气的溶解，提高水体溶解氧含量；其次是促进池水流动，使水中微藻的光合作用面增大，提升光合作用产氧效率，进而提高水体溶解氧含量，同时还可避免水体因温度和盐度等条件变化出现水体分层。因此，增氧机的科学使用对保持水体的"活"、"爽"具有重要作用。增氧机在池塘中的安放摆设需根据池塘的面积和形状综合考虑，应以有利于池水溶解氧的均匀分布、有利于促进水体的循环流动、有利于养殖对虾的正常摄食与活动、有利于养殖管理操作为宜。增氧机的开启与对虾放养密度、气候、水温、池塘条件及配置功率有关，需结合具体情况科学使用。一般养殖前期少开，养殖后期多开；气压低、阴雨天气时多开；夜晚到凌晨阶段及晴好天气光照强烈的午后也应保证增氧机的开启。

5. 虾池中鱼类的套养

根据不同地区的实际情况，可在对虾养殖过程中套养少量的杂食性或肉食性鱼类，如罗非鱼、鲻鱼、草鱼、革胡子鲶、蓝子鱼、黑鲷、黄鳍鲷、石斑鱼等，用于摄食池塘中的有机碎屑和病死虾，起到优化水质环境和防控病害暴发的作用。在选择套养鱼类品种时，应该充分了解当地水环境的特点，了解拟选鱼类的生活生态习性、市场需求情况，并针对计划放养的鱼和虾密度比例、放养时间、放养方式进行小规模试验，然后综合考虑各方面的因素，选择适当的方式进行套养。在盐度较低的养殖水体可以选择罗非鱼、草鱼、革胡子鲶等品种，盐度较高的水体可选择鲻鱼、蓝子鱼、黑鲷、黄鳍鲷、石斑鱼等品种。鱼的放养方式需要根据套养的目标需求而定，用于摄食病、死虾和防控虾病暴发的可选择与南美白对虾一起散养，用于清除水体中过多的有机碎屑和微藻的可与对虾一起散养，也可用围网将鱼圈养在池塘中的一个区域。下面将对常见的鱼虾套养方式进行简要介绍。

（1）南美白对虾与罗非鱼套养　在虾池中放养罗非鱼可有效净化水体环境，提高对虾养殖效益。其中南美白对虾虾苗的放养密度为 4 万～6 万尾/亩，个体体长为 0.8～1 厘米；罗非鱼放养密度为 200～400 尾/亩，个体规格为平均 5 克以上。若水体年平均盐度小于 5 的还可同时按每亩套养鳙 50 尾或鲢 30 尾。放苗顺序为先放养虾苗，养殖 2～3 周时对虾长到体长 2～2.5 厘米再放养罗非鱼鱼苗（彩图 28）。投喂饲料时先喂罗非鱼饲料，待罗非鱼摄食完毕后再投喂对虾饲料，以避免罗非鱼抢食虾饲料。其他的养殖管理措施与对虾单养的一致。虞为等人（2013）研究提出，每亩放养南美白对虾 5.5 万尾和罗非鱼 220 尾，可显著提高养殖对虾对氮、磷营养元素的利用效率，减少水体环境中的氮、磷沉积，取得较好的养殖经济效益和生态效益（图 4-5）。

图 4-5　养殖收获的南美白对虾和罗非鱼

（2）南美白对虾与草鱼套养　在水体盐度 5 以下的对虾养殖水体可选择套养一定量的草鱼，既可防控养殖对虾病害的暴发，又可在一定程度上增加养殖效益。先放养南美白对虾虾苗 4 万～6 万尾/亩，养殖 2～3 周时对虾生长到体长 2～2.5 厘米时再放养草鱼，草鱼个体规格为 1 千克左右，放养数量为每亩 30～60 尾，具体根据放养虾苗的密度适当调整。养殖过程可投喂草鱼饲料或不投，如果发现有病、死虾，不投喂草鱼饲料，利用草鱼摄食病、死虾，防控对虾病害的暴发。

（3）南美白对虾与革胡子鲶套养　在水体盐度 10 以下的可选择革胡子鲶进行套养，利用它摄食病、死虾，切断病原传播途径，防控对虾病害大面积暴发。但考虑到革胡子鲶生性凶猛，能摄食一定数量的活虾，所以革胡子鲶的投放数量须严格控制，不宜过量投放，同时虾苗的放养数量，也可根据养殖设施条件适量增加。放苗时可按 5 万～10 万尾/亩的密度先投放南美白对虾虾苗，养殖 2～3 周时对虾个体生长到体长 2～2.5 厘米时再放养革胡子鲶，革胡子鲶个体规格为 400 克左右，每亩的放养数量为 50 尾左右。

（4）南美白对虾与革胡子鲶、鲻鱼的围网分隔式套养　在池塘中央处设置围网，围网与池塘的面积比例约为 1∶5，围网网孔大小为对虾能出入网孔而鲻鱼、革胡子鲶等鱼类不能出入，围网的上缘平齐于增氧机引起的池塘水流的内圈切线。围网外投放对虾和革胡子鲶，围网内投放鲻鱼（彩图 29）。放苗时可按 5 万～10 万尾/亩的密度先投放南美白对虾虾苗，养殖 2～3 周时对虾个体生长到体长 2～2.5 厘米，再放养鲻鱼和革胡子鲶。两种鱼的个体规格均为 400 克左右，每亩放养鲻鱼 50 尾、革胡子鲶 30 尾。其余养殖管理措施跟南美白对虾与革胡子鲶套养的类似。通过利用革胡子鲶摄食病、死虾，鲻鱼摄食水体中的有机碎屑，既可有效防控对虾病害的暴发，还能起到净化水体环境的作用。同时，还能提高对虾的生长速度和成品虾规格，提升对虾产品的出售价格，取得较好的养殖经济效益和生态效益。

（5）南美白对虾与石斑鱼的套养　在水体盐度较高的池塘可选择石斑鱼进行套养。由于石斑鱼的生长速度较对虾慢，当对虾生长到一定阶段时石斑鱼因口径大小限制无法摄食较大规格的虾，对此可在对虾的不同生长阶段对应地分批放入不同规格的石斑鱼，从而起到良好的效果。南美白对虾虾苗的放养密度为 5 万～10 万尾/亩，个体体长为 0.8～1 厘米，放苗一个月左右，对虾生长到体长 3～5 厘米时再放入石斑鱼进行套养。石斑鱼每亩的放养数量为 30 尾，个体规格为 50～100 克，到对虾养殖两个月左右，再按每亩 30 尾的数量投入个体规格为 120～150 克的石斑鱼。养殖过程只需投喂对虾饲料。考虑到石斑鱼生性凶猛，能摄食一定数量的活虾，鱼的投放数量须严格控制，不宜过量投放，同时虾苗的放养数量也可根据养殖设施条件适量增加。

虽然虾池中套养鱼类会使对虾养殖的饲料系数略有升高，而且放养的肉食性鱼类可能还会造成对虾成活率有所降低。但套养少量鱼类有利于防控对虾病害的暴发，净化水体环境，提高对虾养殖的成功率。根据当地的水体条件和市场需求，选择既适合虾池套养又具有一定经济价值的鱼类，也可在一定程度上补偿对虾养殖的经济效益。所以，在虾池套养适量经济鱼类的总体效果还是良好的。

6. 日常管理工作

养殖过程中应及时掌握养殖对虾、水质、生产记录及后勤保障等方面的情况，每天做到早、中、晚三次巡塘检查。

（1）观察对虾活动与分布情况。及时掌握对虾摄食情况，在每次投喂饲料1小时后观察对虾的肠胃饱满度及摄食饲料情况，根据对虾规格及时调整使用相应型号的配合饲料。养殖中后期每隔15～30天抛网估测池内存虾量，测定对虾的体长和体重。

（2）观察水质状况，每一两周定期监测水体盐度、pH、水色、透明度、溶解氧、氨氮、亚硝酸盐、硫化氢等指标。有条件的还可定期取样观察水体中的微藻种类与数量，及时采取措施调节水质指标，稳定有益藻相和菌相，防止有害生物大量生长。

（3）根据水质条件和对虾健康状况，可适当使用二氧化氯、聚维酮碘等水体消毒剂和对虾营养免疫调控剂，施用渔药时建立处方制，严格实行安全用药的原则要求。

（4）观察进排水口是否漏水，检查增氧机、水泵及其他配套设施是否正常运作。

（5）饲料、药品做好仓库管理，进、出仓需登记，防止饲料、药品积仓。做好养殖过程中有关内容的记录（如放苗量、进排水、水色、施肥、发病、用药、投料、收虾等），整理成养殖日志，以便日后总结对虾养殖的经验、教训，实施"反馈式"管理，建立对水产品质量可追溯制度，为提高养殖水平提供依据和参考。

第三节　低盐度淡化养殖模式

一、低盐度淡化养殖模式特点

南美白对虾具有较广的盐度适应性，盐度为0～40的水体中均可正常生长，因此可采取淡水、半咸水、海水等多种养殖模式。采用淡化养殖在一定程度上能减少海水病原生物对虾体的影响，促进对虾健康生长。近年来，该养殖模式在河口地区和淡水资源丰富地区发展迅速，取得了良好的经济效益和社会效益。虽然南美白对虾成体对水体盐度的适应性高，但在幼苗阶段仍要求水体具有一定的盐度。目前有不少对虾育苗场可提供虾苗淡化服务。考虑到虾苗运输和成活率等因素，养殖户应在放养虾苗前把养殖水体调节到具有一定盐度（盐度 3～10），养殖过程逐步添加淡水，盐度随之降低至 0，即在淡水环境中进行养殖。有的养殖户为了使养殖成品虾的肉质结实、提高鲜味，在上市前半个月左右逐步提高水体盐度，使对虾品质得到改善。目前，根据养殖水体来源和对水体盐度调节方式的不同，淡化方式可细分为：地表淡水—卤水（粗盐）、地下淡水—卤水（粗盐）、河口区水域的咸淡水、盐碱地区域地下卤水—地表淡水、盐碱地区域地下淡水等。

虽然近年来南美白对虾的淡化养殖发展迅猛，据农业部渔业局统计，2012 年全国南美白对虾养殖产量为 145.3 万吨，其中 76.2 万吨是海水养殖的产量，其余的均非海水养殖而成。但是，关于对虾淡化养殖中存在的一些宏观问题应该予以重视，例如，利用大量抽取地下水养殖、在内陆非盐碱地区域通过添加卤水或粗盐进行养殖等。众所周知，地下水是水资源的重要组成部分，由于水量稳定、水质好，是农业灌溉、工矿和城市的重要水源之一。它不仅与用水安全、区域土壤生产性能有关系，还与地质安全密切相关。地下水利用存在总量平衡问题，通常地下水域在地表上存在相应的补给区与排泄区。其中补给区因地表水不断地渗入地下，地面常呈现干旱缺水状态；而在排泄区则由于地下水的流出，增加了地面的水量，呈现相对湿润的状态。如果盲目和过度开发，土壤的蓄排水性能受到严重影响，将可能造成整个区域的土壤生产性能大大降低；同时，还容易造成地下空洞、地层下陷等地质次生灾害。考虑到养殖产业的可持续发展及其与环境和谐共存等因素，对于完全依靠抽取地下水开展养殖或在内陆非盐碱地区域通过添加卤水或粗盐进行养殖，生产规模应予以限制。对于河口区咸淡水养殖和盐碱地区域利用地表水养殖南美白对虾，鼓励采用环境友好型的健康养殖技术模式和质量保障型的标准化养殖技术，通过优化和改进原有养殖设施和技术，实施对虾的高产高效养殖，促进养殖农户增收。在内陆非盐碱地区域养殖南美白对虾，养殖者应与育苗场进行充分沟通和无缝对接，要求把虾苗尽量淡化到完全适应淡水环境再进行养殖，避免因放苗前期添加卤水或粗盐对土壤环境造成潜在不良影响。

下面将以广东省珠海市河口区南美白对虾的低盐度淡化养殖为例（彩图30），进行养殖生产技术流程的介绍。

二、低盐度淡化养殖的技术流程

1. 虾苗放养前的准备工作

（1）清理池塘及消毒除害　上一茬养殖收获后，将池内积水排干，平整池底，修补池堤，防止进排水口出现渗漏。如果池塘底部沉积的淤泥多，先暴晒一周左右待池底无泥泞状时，利用机械将底泥表层10～20厘米除去，修整、加固池塘堤基和进排水口。然后在池塘中抛撒石灰、翻耕、暴晒1～2周，使池底晒成龟裂状。在放苗前2～3周时先进少量水入池，施用适量生石灰、漂白粉、茶籽饼、鱼藤精等药物杀灭杂鱼、杂虾、杂蟹、小贝类等，将药物溶于池水后均匀散布，确保池塘各处均消毒彻底。用茶籽饼或生石灰消毒后无须排掉残液，使用其他药物消毒的尽可能把药物残液排出池外。在养殖生产中可将清淤、翻耕、晒池、整池、消毒等工作结合起来，有利于提高工作效率。

（2）进水与水体消毒　河口地区在特定时期的水体盐度波动较大，进水前应先检测水源水质，在水质良好时进水，进水盐度以与虾苗场驯化南美白对虾虾苗的水体接近。利用潮汐纳水或水泵提水，于进水闸口或水泵出水管处安置孔径为60～80目的筛绢网。如果水源盐度确与虾苗所适应盐度存在差距，可事先计算好放养或中间培养（标粗）虾苗所需水体体积，用海水、卤水或粗盐调节水体盐度。

将水位进到1米深左右，养殖过程中根据池塘水质和对虾生长的状况逐渐添加新鲜水源直到满水位为止。对于水源供应受限、进水不便的池塘，也可一次性进水到满水位，养殖过程中实施封闭式管理，不排换水，仅适时添加少量新鲜水源补充水位。进水后使用漂白粉、溴氯海因、二氧化氯等水产常用消毒剂处理水体。消毒剂可直接化水全池泼洒，也可采用"挂袋"式的消毒方法。将进水闸口调节至合适大小，把消毒剂捆包于麻包袋中，放置在进水口处，水源流经"消毒袋"后再进入池塘，起到消毒的效果。

（3）放苗前优良水体环境的培育　水体消毒2～3天后，根据水源水质情况，先用有机酸或3～5毫克/升的乙二胺四乙酸二钠盐（EDTA-Na）络合水体中的重金属离子，然后开启增氧机进行水体曝气。在放苗前一周左右的时间，施用微藻营养素和芽孢杆菌等有益菌制剂，培养优良微藻藻相和有益菌菌相。采用粪肥"肥塘"的应先把肥料与石灰或芽孢杆菌等有益菌制剂充分发酵一周后再使用，使用时可配合施用一定量的氮、磷无机肥，平衡水体营养，粪肥的用量不宜过多。在第一次"施肥"2～3周后，再追施1～2次无机有机复合营养素和芽孢杆菌制剂，以免因微藻大量繁殖消耗水体营养，导致后续营养供给不足造成微藻衰亡。

2. 虾苗的淡化培养和放养

（1）虾苗的淡化与中间培养（标粗）　通常培育虾苗的水体盐度相对较高（10～30），但出苗可要求育苗场对虾苗进行盐度驯化，逐渐把水体盐度降低至5～10。选购虾苗时除了按照本书第二章第二节所述方法对虾苗质量检验测试，经育苗场淡化的虾苗若仍无法适应养殖池水盐度条件，可于养殖池塘进一步实施"盐度渐降式"淡化，或在中间培养（标粗）过程中进行淡化处理。

可选择利用面积较小的池塘开展虾苗中间培养（标粗），到幼虾长到一定规格时再分疏到多个池塘养成。或在池边容易操作的地方，用不透水的塑料薄膜或编织布搭建围隔开展虾苗中间培养（标粗），围隔面积为池塘的10%～15%，将虾苗放养于围隔中培养20～30天，到幼虾生长到体长3～5厘米时撤去围隔，使幼虾分散至整个池塘养成，有条件的最好在围隔内安置充气式增氧系统，保证水体溶解氧的供给。一般可把标粗和淡化两个方面的工作结合进行，在放苗前先用适量的海水、盐卤水或海水晶（粗盐）对标粗水体盐度进行调节，使之与育苗水体相接近，然后再逐步添加新鲜淡水，直到与池塘水体盐度一致，到幼虾分疏养殖时已适应养殖水体的盐度条件。

（2）虾苗的放养　虾苗运输多采用特制的薄膜袋，装水10～

15 升，装苗 5000～10000 尾，袋内充满氧气，运输时间最好控制在 5～8 小时。如果虾苗场与养殖场距离较远需要长时间运输，装苗时可酌情把虾苗个体规格或苗袋装苗数量降低，或在运输过程中用冰块降温，保证虾苗经过长距离运输的成活率。虾苗运至养殖场后，先将密闭的虾苗袋放于池塘水体中漂浮半个小时，使虾苗袋的水温与池水温度相接近。同时，取少量虾苗放入虾苗网置于池水中"试水"20 分钟左右，观察虾苗的成活率和健康状况，确认无异常状况，再将漂浮的虾苗袋解开，在池中均匀放苗。南美白对虾的放苗水温最好在 20℃以上，气温低于 20℃时需加盖温棚。根据近年来我国对虾养殖主产区的天气变化情况，在未搭建温棚的条件下，虾苗放养时间多选择在 4 月中下旬至 5 月中下旬。放苗应选择在天气晴好的清早或傍晚，避免在气温高、太阳直晒、暴雨时放苗，应选择背风处放苗，避免在迎风处、浅水处放苗。通常，淡化养殖池塘放养南美白对虾虾苗密度为 4 万～6 万尾/亩，具体操作中需综合考虑水深、虾苗的规格与质量、增氧强度、商品对虾的目标产量及规格、养殖技术水平和生产管理水平等因素。

3. 科学投喂

在选择对虾饲料时应该优先考虑饲料的质量问题，其次才是价格因素，购买信誉好、规模大、技术服务好的品牌有利于保证饲料的产品质量。饲料的产品质量可包括以下几个方面：营养全面，满足对虾健康生长的营养需要；产品质量符合国家相关质量、安全、卫生标准；饲料系数低、诱食性好；加工工艺规范，水中的稳定性好、颗粒紧密、光洁度高、粒径均一、粉末少。

开始投喂饲料的时间要根据放苗密度、饵料生物的数量以及虾苗规格等因素决定。如果水体中浮游生物数量丰富，可在放苗后一周开始投喂饲料，如果水体中浮游生物数量少则应在放苗第二天开始投喂饲料。若放养的是经过中间培养（标粗）的虾苗应该在放苗当天开始投喂饲料。虾苗在中间培养（标粗）期间，可适当增加投喂一些虾片和丰年虫。

科学投喂饲料是保证养殖效益的一个重要保证，过高的投喂次数和投喂量不仅不能促进对虾的生长，还会增加水体环境负担，提高养殖成本，不利于获得良好的养殖效益。一般淡化养殖南美白对虾的饲料投喂频率为每天 3 次，投喂时间为 7:00、11:00、18:00。根据池塘对虾的数量和大小规格，结合饲料包装袋上的投料参数确定饲料型号和投喂量。通常日投喂量为池内存虾重量的 1%～2%，傍晚可按日投喂量的 40% 投喂，早上和中午各按 30% 投喂。投喂饲料时应全池均匀泼洒，使池内对虾均易于觅食。为观察对虾的摄食情况，可在离池边 3～5 米且远离增氧机的地方安置 2～3 个饲料观察网，每次投喂饲料时在饲料网上放置约为当次投喂量 1% 的饲料，投料后 1～1.5 小时进行检查，根据饲料网上的余料情况增减饲料量。此外，养殖过程中还应该根据养殖密度、天气情况、水质、对虾健康状况等具体情况适量增减投喂量和投喂次数。一般在养殖前期多投，中后期"宁少勿多"；气温剧烈变化、暴风雨或连续阴雨天气时少投或不投，天气晴好时适当多投；水质恶化时不投；对虾大量蜕壳时不投，蜕壳后适当多投。

在养殖过程中，可适当选择一些添加了芽孢杆菌或中草药成分的功能饲料，也可自行利用芽孢杆菌、乳酸菌、酵母、维生素、中草药、免疫多糖和免疫蛋白等进行饲料拌喂，用以提高饲料利用率，增强养殖对虾的抗病和抗逆能力，提升对虾健康水平。其中芽孢杆菌、乳酸菌、酵母菌等有益菌制剂主要用于促进消化，降低饲料系数，抑制有害菌生长；维生素 C、多维等维生素制剂有利于提高对虾免疫力，促进正常的生长代谢；板蓝根、黄芪、大黄等中草药用于提高对虾抗病力和抗应激能力，提升养殖成功率，还有一定的促生长作用。进行拌喂时，可先将制剂用少量的水溶解，然后均匀泼洒于要投喂的饲料上，搅拌均匀，也可少量添加一些海藻酸钠等黏附剂，然后自然风干半个小时左右即可使用。

4. 水环境管理

（1）封闭型与半封闭型的水质管理　养殖前期实行全封闭式管理，放苗一个月内保持不添水、换水。中后期为半封闭式管理，中期逐渐添水至满水位，后期根据池塘水质变化、对虾健康状况、水体藻相结构和密度，以及外界水源水质情况适当换水。为保持养殖水环境稳定，避免造成对虾应激反应，所进水源应在蓄水池进行沉淀、消毒，并将盐度调节至与养殖水体接近后再引入池塘，每次添水、换水量不宜过大。

（2）水体微生态调控　养殖过程中每隔7～15天定期施用1次芽孢杆菌制剂，直到对虾养殖收获。含芽孢杆菌活菌量10亿/克的菌剂，按水体为1米水深计算，放苗前的使用量为1～2千克/亩，养殖过程中每次用量为0.5～1千克/亩。当出现水质老化、溶解性有机物多、亚硝酸盐高、pH过高等情况时使用乳酸菌制剂，含活菌5亿/毫升的菌剂，按水体为1米水深计算，每次使用量为2.5～3千克/亩；如果水体水色浓、透明度低，可适当加大用量至3.5～6千克/亩。在水体出现微藻繁殖过量、氨氮过高、水质恶化和连续阴雨天气的情况下施用光合细菌制剂，含光合细菌活菌5亿/毫升的菌剂，按水体为1米水深计算，每次使用量为2.5～3.5千克/亩；若水质恶化出现变黑发臭，可连续使用3天，水色有所好转后隔7～8天再使用1次。养殖过程中除了施用有益菌制剂调控优良藻相外，还可适量使用无机营养素，促进微藻稳定生长。一般养殖前期水体营养相对缺乏，且饲料投喂量也少，微藻的营养盐供给不足，容易发生藻相衰落，相隔1～2周需追施微藻营养素补充水体营养促进微藻生长；在暴风雨或连续阴雨天气时，藻相容易发生更替，需提前增加水体营养稳定池塘藻相；当微藻过度繁殖后水中营养盐被大量消耗，及时补给微藻营养素，可防止池水老化和微藻大量衰亡，有利于维持藻相和水质的稳定。

一般养殖中期以后，每隔7～10天施用养殖底质改良剂（如沸石粉等），澄清水中过多的悬浮颗粒。另外，还可将有益菌制剂与理化型的水质、底质改良剂配合施用，起到良好的协同功效。例如，将芽孢杆菌、乳酸菌、光合细菌与沸石粉、白云石粉等吸附剂联合施用，有利于把有益菌沉降到池底，达到澄清水质、改良底质的效果。若遇到强降雨天气、pH过低，可适量施用石灰水稳定水体环境，还可配合施用增氧剂，提高水体溶解氧含量，短时间内缓解水体缺氧压力。由于淡水中的钙、镁离子含量偏低，养殖中、后期对虾蜕壳相对集中时，还需在饲料中添加和往池水中泼洒钙离子、镁离子制剂，以满足对虾对钙离子、镁离子的需求。

（3）增氧机的使用　通常1～3亩的养殖面积配备1台功率为0.75～1.5千瓦的水车式增氧机，具体配置数量和功率应该根据对虾养殖密度合理安排。增氧机的开启一般为：养殖前期少开，养殖后期多开；气压低、阴雨天气时多开；夜晚至凌晨阶段及晴好天气光照强烈的午后均应该保证增氧机开启。

5. 虾池中鱼类的套养

根据不同地区水质情况可在对虾养殖过程中套养少量的杂食性或肉食性鱼类，如罗非鱼、鲻鱼、草鱼、革胡子鲶、黄鳍鲷等，用于清理池中有机碎屑和病、死虾，起到优化水质环境和防控病害暴发的作用。

在虾池中放养罗非鱼可有效净化水体环境，提高对虾养殖效益。其中，南美白对虾虾苗的放养密度为 4 万～6 万尾/亩，个体体长为 0.8～1 厘米；罗非鱼放养密度为 200～400 尾/亩，罗非鱼的个体规格平均为 5 克以上。若水体年平均盐度小于 5 的，还可同时每亩套养鳙 50 尾或鲢 30 尾。

套养一定量的草鱼和革胡子鲶，可防控养殖对虾病害的暴发，增加一定的养殖效益。套养草鱼的可先放养南美白对虾虾苗 4 万～6 万尾/亩，2～3 周后对虾生长到体长 2～2.5 厘米时再放养草鱼，草鱼个体规格为 1 千克左右，数量为每亩 30～60 尾，具体根据放养虾苗的密度适当调整。选择革胡子鲶进行套养时，鱼的投放数量须严格控制，不宜过量投放，按 5 万～10 万尾/亩的密度先投放南美白对虾虾苗，2～3 周后对虾个体生长到体长 2～2.5 厘米时再放养革胡子鲶，革胡子鲶个体规格为 400 克左右，每亩的放养数量为 50 尾左右。考虑到革胡子鲶生性凶猛，能摄食一定数量的活虾，因此，虾苗的放养数量可根据养殖设施条件适量增加。

6. 日常管理工作

养殖过程中应及时掌握养殖对虾、水质、生产记录及后勤保障等方面的情况，每天做到早、中、晚三次巡塘检查。

（1）观察对虾活动与分布情况。及时掌握对虾摄食情况，在每次投喂饲料 1 小时后观察对虾的肠胃饱满度及摄食饲料情况。养殖中后期不定期抛网估测池内存虾量，测定对虾的体长和体重，观察对虾的身体状况。如果对虾夜间易受惊吓（俗称"跳虾"），有可能是因为池塘底质环境恶化、对虾密度过大、水中溶解氧含量不足；如果对虾连续出现规律性的巡池游动，可能是池塘底部出现恶化，或者投喂饲料不足，对虾巡池觅食；如果出现部分对虾在水面浮游且肠道无饲料、肝胰腺发红、糜烂或萎缩、身体发红，有可能是对虾患病了；如果大量对虾在水面浮游，虾体并无异常状况，则说明池塘底质环境恶化、水体溶解氧含量严重不足。

（2）观察水质状况，每 1～2 周定期监测水体盐度、pH、水色、透明度、溶解氧、氨氮、亚硝酸盐、硫化氢等指标，有条件的还可定期取样观察水体中的微藻种类与数量，及时采取措施调节水质，稳定有益藻相，防止有害浮游生物的大量生长。

（3）根据水质条件和对虾健康状况，可适当使用二氧化氯、聚维酮碘等水体消毒剂和营养免疫调控剂，施用渔药时建立处方制，严格实行安全用药的原则要求。

（4）观察进、排水口是否漏水，检查增氧机、水泵及其他配套设施是否正常运作。

（5）饲料、药品做好仓库管理，进、出仓需登记，防止饲料、药品积仓。

做好养殖过程有关内容的记录（如放苗量、进排水、水色、施肥、发病、用药、投料、收虾等），整理成养殖日志，以便日后总结对虾养殖的经验、教训，实施"反馈式"管理，建立对水产品质量可追溯制度，为提高养殖水平提供依据和参考。

第四节　越冬棚养殖模式

一、越冬棚养殖模式的特点

南美白对虾在南方地区全年大部分时间均可养殖，在冬季和初春，自 11 月中下旬到次年 4 月中上旬水温相对较低，其中年初的水温在 15～20℃，露天池塘不能进行对虾养殖生产。因此，这段时间市场上的鲜活对虾大量减少，价格升高，商品虾售价增加 80%～100%，甚至更多。如果在这期间进行养殖可获得较高的经济效益。对此，广东、福建以及广西等部分地区的养殖户通过搭建越冬棚增温的方式开展养殖生产，其中主要以低盐度淡化养殖区的规模较大，高位池养殖区也逐年扩大（彩图 31）。目前，浙江、江苏、山东及天津等地也有部分地区逐渐开始发展低温季越冬棚对虾养殖，但由于气候条件限制，其养殖时间还是相对较短、规模较小。

总体而言，进行越冬棚养殖的成本和风险相对较大。具体体现为越冬棚、强化增氧系统、地下水供应系统等基础设施建设投资大；对虾养殖周期长；对养殖技术和管理水平的要求较高，棚内光照强度弱微藻藻相不易培养，水体环境封闭、空气交换量少，水质和底质易恶化等，水体环境的养护完全依靠人工调控，相应的水环境调节剂、有益菌制剂和益生免疫增强剂的使用量也相对较高。虽然存在上述种种风险，但一旦成功即可获得可观的养殖效益，因此，近年来南方对虾主产区的南美白对虾越冬棚养殖还是有了较大的发展（彩图 32）。

二、越冬棚养殖的技术流程

1. 越冬棚搭建

华南地区一般在 10 月下旬完成越冬棚的搭建工作，具体时间应该根据各地的气候特点，在冷空气到来前完成搭建即可，到次年天气稳定、气温升高到 25℃以上时再将越冬棚拆除。越冬棚的主要构件包括支架、支撑网、池边固定桩、薄膜、固定网等，总体原则是必须坚固稳定。支架应能承受至少 2～3 个成年人的体重，支架和钢缆的承载力应根据往年当地风力大小的规律而定，塑料薄膜可选用透光性强的白色薄膜，气温低的地区可选择略厚的薄膜。就建越冬棚的构件材质而言，在不同的地区存在一定差别，一般用于搭建支架的耗材有杉木、水泥杆或竹木等；支撑网有钢丝、尼龙绳或竹木片；薄膜有厚度不一的透光性白色塑料膜，有的厚度为 0.4～0.5 毫米，有的为 0.7～0.8 毫米；覆盖网格有的会选择尼龙网，有的则没有覆盖网格。根据罗俊标等人（2005）的介绍，搭建越冬棚时，先以直径为 5.0～10 厘米的杉树圆木，按间距 1.2～1.5 米的间距架设桩柱；以直径 2.5～4 毫米、抗拉强度大于 1500 兆帕、破断拉力大于 5000 牛顿的钢丝搭建支撑网格，钢丝间距 0.5 米左右；在支撑网格上平铺塑料薄膜，然后于薄膜上面设置固定网格，网格钢丝间距 1 米左右朝支撑网格的垂直方向拉压钢丝，令薄膜保持平展；再将钢丝紧固在池塘周围的固定桩上，最后用绑扎铁丝把位于薄膜上下层的支撑网格和固定网格捆接固定（彩图33）。福建地区搭建越冬棚，有的会选择使用竹木片搭建支撑网格，利用厚度适宜的竹木片弯拉成弧形进行固定，然后再铺盖薄膜固定。使用竹木片的支撑网格，在降雨时薄膜不宜积水，防风能力也较强，但冬棚的造价远高于钢丝网格的，并且在收获对虾时会造成一定的困难，不适宜采用捕虾网大批量捕捞，而是采用网笼诱捕的方法进行收获。

防止雨水积聚于棚上是搭建越冬棚时需注意的一个重要因素，对此可将薄膜面搭设形成一定的倾斜度，且保持表面平顺，以利于降雨时雨水顺势排流不形成积水。在棚架边缘的衔接部位也是容易形成积水的重点位置，可在该处的薄膜上扎若干小孔便于积水排漏。另外，还可在池边固定桩附近挖设导流沟，沟渠不必太宽太深，迅速将棚顶排流下来的雨水排出，以免积水回流池塘造成池水水温下降、水质剧变。

2. 养殖前的准备工作

（1）池塘的清理与消毒　铺膜池和水泥池直接使用高压水枪进行冲洗；土池可使用高压水枪冲洗或待池塘积水晒干后使用机械将淤泥清除，并对池底进行平整，暴晒一段时间，令底泥成龟裂状为好。同时，修补加固池堤及进、排水口处防止出现渗漏。用生石灰或漂白粉化水，全池均匀泼洒，彻底消毒池塘。土池底泥呈酸性的使用生石灰，每亩用量为 $100 \sim 200$ 千克；底质为非酸性的使用漂白粉，每亩用量为 $10 \sim 20$ 千克。

（2）进水、消毒与浮游生物培养　进水时，使用地下水或沙滤海水的可以直接将水源引入池塘，河口区池塘进水应在进水闸口或水泵的出水管处安装 $60 \sim 80$ 目的筛绢网过滤水源。一般可先进水至 1 米深左右水位，养殖过程中根据实际情况再逐渐添加。若进水不便的地方，可根据池塘深度情况一次性进水到满水位。根据虾苗驯化情况，使用天然海水、海水晶或盐卤调节水体盐度。依照安全用药的原则使用生石灰、漂白粉、茶籽饼等水产常用消毒剂进行消毒，杀灭有害菌、杂鱼、杂虾、杂蟹、小贝类等影响对虾养殖的生物种类。用茶籽饼或生石灰消毒后无须排掉残液，使用其他药物消毒的尽可能把药物残液排出池外。消毒 $2 \sim 3$ 天后使用腐殖酸或乙二胺四乙酸钠盐等制剂络合环境中可能存在的重金属离子或残留消毒药。

进水消毒 2 天后，使用芽孢杆菌制剂和微藻营养素，培养优良微藻构建良好的菌相和藻相。铺膜池、水泥池或新建土池施用有机无机复合营养素，池底有机质丰富的施用无机复合营养素；有机粪肥依照本书第二章第一节所述方法，经过充分发酵后再适量施用。对于淡化养殖地区，考虑到水体环境的缓冲力相对较弱，养殖前期微藻繁殖旺盛时容易导致 pH 值偏高，可使用乳酸菌制剂，将之与米糠、红糖充分发酵后进行全池泼洒，能起到稳定 pH 的良好效果。通常在首次"施肥"7～10 天后，应按照上述方法追施微藻营养素和芽孢杆菌制剂，反复 2～3 次，以维持充足的水体营养供微藻吸收利用，达到稳定微藻藻相和水质的效果。

3. 虾苗放养与中间培养

向信誉好、虾苗质量稳定的育苗企业选购虾苗，依照本书第二章第二节所述方法检查测试虾苗的质量状况，并用养殖池塘水体对虾苗进行测试，确保虾苗驯化水体盐度与养殖池接近。在生产中，大多数养殖者采用的是先搭棚后放苗的方式，也有少部分的养殖者先放苗再搭建冬棚。已经放养虾苗的池塘盖棚时，拉盖薄膜的速度不宜过快，一般应有一周左右的过渡期，防止造成水质剧烈变化和对虾应激。放苗时的水温应在 25℃ 以上，选择晴好天气的白天放苗，避免在寒潮、阴雨连绵等恶劣天气放苗。放养密度视养殖模式、硬件设备、管理水平而定，一般土池养殖放苗密度为 6 万～10 万尾/亩，具有底部排污的铺膜池和水泥池养殖放苗密度为 10 万～20 万尾/亩，放苗时尽量做到一次放足，以免后期补苗。进行越冬棚对虾养殖的放苗密度相对要高于常规养殖，这主要是考虑到养殖期间气温偏低、对虾生长速度慢，加之收获、出售小规格商品虾的价格不低，可降低养殖风险。放苗后可在水体适量泼洒维生素和葡萄糖、红糖等，增强虾苗的抗应激能力和对池塘环境的适应能力。

计划进行虾苗中间培养（标粗）的，可先在池塘边方便操作的地方用防水塑料布架设围隔，将围隔内水体的盐度调节至与虾苗场培苗水体一致，再把虾苗放入围隔中集中培养，培养过程投喂虾片等高蛋白优质饵料，同时逐步淡化围隔内水体的盐度，使之与外围池塘水体的接近。养殖 10~15 天，虾苗生长到一定规格并且较好适应围隔外水质条件后，拆除塑料布，让幼虾均匀散布于池塘中。

4. 科学投喂

越冬棚养殖期间温度相对较低，对虾摄食要稍差于常规养殖季节，加之水源受到限制，因此，应做到科学投喂饲料，提高饲料利用率，减少残余饲料对水质的影响，适当使用维生素、益生菌、免疫多糖、中草药等营养免疫调控剂拌料投喂，增强对虾体质和抗应激机能。

直接放苗的池塘，如果池塘中的微藻藻相良好，枝角类、桡足类、原生动物等的浮游动物饵料丰富，虾苗放养一两周后可适当减少饲料投喂，若饵料生物相对不足可混合投喂适量的虾片等高蛋白的优质人工饵料。进行虾苗中间培养（标粗）的可增加投喂虾片、丰年虫或其他优质饵料，增强幼虾的体质。

养殖过程主要投喂南美白对虾人工配合饲料，有的养殖户考虑到低温因素影响会选择投喂蛋白含量稍高的斑节对虾饲料。无论使用哪种品牌或类型的饲料，均应选择信誉高、服务好、质量稳定的产品。一般每天投喂饲料 3 次，可安排在 7：00、11：00、16：00左右进行，根据对虾个体规格选择合适型号的饲料。虾片、开口料和 0 号饲料需加水搅拌后投喂，投喂区域主要于浅水处，以利于幼虾摄食；成虾阶段投喂饲料时应全池均匀泼洒，使池内对虾均易于觅食。在池边便于操作的地方安放 2~3 个饲料观察网，每次投喂时在观察网上放置 1‰的饲料，摄食一定时间后检查观察网剩余饲料情况，一般检查时间为养殖前期 1.5~2 小时、养殖中期 1~1.5小时、养殖后期 1 小时，根据观察网上的余料和对虾消化道饱满状况适量增减下次的投喂量。养殖中后期根据对虾健康水平拌喂适量的维生素、矿物质、益生菌、免疫多糖、中草药等免疫增强剂，增强虾体体质，提高抗病能力。对于淡化养殖池塘，由于水体中的钙离子、镁离子含量偏低，在养殖中、后期对虾蜕壳相对集中时，可拌喂一些钙离子、镁离子制剂，以满足对虾对钙离子、镁离子的需求。

此外，在饲料投喂过程中还应该综合考虑天气、水质和对虾健康状况等因素。阴雨天、气压低、气温骤降时不投或少投；水体氨氮或亚硝酸盐偏高、水色过浓变暗、底质恶化、水环境不良时不投或少投;发现观察网上或水面漂浮死虾、虾只大面积惊跳、池边出现部分对虾在水面浮游且肠道无饲料、肝胰腺发红、糜烂或萎缩、身体发红的情况,表明对虾健康状况不佳,应停止投喂饲料一段时间并及时进行处理,待虾体恢复正常后再逐渐恢复投喂。

对临近上市的对虾,可根据池塘水环境和当地水产品供应情况,适量投喂一些低值贝类等鲜活饵料达到催肥对虾的效果,但须严格控制投喂量,宜少不宜多;同时,还应通过配合使用有益菌制剂或进行少量排(换)水的措施,保持水质稳定,避免残余鲜活饵料败坏水质。鲜活饵料投喂前须经消毒处理,避免带入病原生物,诱发对虾病害。

5. 水环境管理

(1)封闭型与半封闭型的水质管理 养殖过程实施封闭或半封闭的水环境管理,主要通过合理使用有益菌制剂、水质和底质改良剂、强化增氧等措施进行水质调控。由于低温季节池塘水体与水源水的温度存在较大差距,通常会少换水甚至不换水。高位池越冬养殖在排污后和养殖后期水体富营养化严重时,会少量换水;土池越冬养殖则一般不换水,只是在水质差、藻相不良时少量添加新鲜水源。进水时最好选择在天气晴好的午后,尽量减少水体温差的影响。

(2)水体微生态调控 养殖过程中每7~15天定期使用芽孢杆菌制剂;水体出现水色浓、微藻过度繁殖、氨氮过高和阴雨天气时使用光合细菌制剂;水质出现老化、溶解态有机物多、亚硝酸盐高、pH过高时使用乳酸菌制剂;养殖前期水体透明度大、微藻生长繁殖不足或养殖中后期微藻藻相老化时,可使用肥水型的乳酸菌或光合细菌制剂。通过合理使用不同类型的有益菌,及时分解水中的养殖代谢产物和其他有机质,削减水体富营养化,维持优良微藻藻相,有效降低水中氨氮、亚硝酸盐的含量,防止水质恶化,为养殖对虾提供一个优良的栖息环境。同时,有益菌制剂的使用还有利于促进优良菌相的形成和稳定,抑制弧菌等有害菌形成优势,对防控对虾病害具有重要意义。

越冬棚养殖过程中,由于棚内空气流通少、温度和光照强度低，水环境中有机质分解速度受到一定程度的限制，水中可被微藻直接吸收利用的营养盐相对缺乏，影响了微藻的生长和光合作用。因此，水色时常出现"发暗"或"浑浊"的现象，这往往也是微藻藻相趋于老化的一个重要表征。对此，除了使用肥水型的有益菌制剂外，还可适量添加一些微藻无机营养素或氨基酸营养素，用以缓解微藻营养供给不足的问题，促进优良微藻的生长繁殖，对养护和维持优良藻相、防止藻相剧烈变动、稳定水体环境具有重要作用。

　　(3) 强化增氧　诚如上述原因分析，相对于常规季节养殖，越冬棚内水体微藻光合作用增氧效率大幅降低，严重影响了水中溶解氧的供给。为有效提高增氧效果，除了保证水车式或叶轮式增氧机的正确使用外，有条件的还可增加充气式增氧设施，在特殊情况下适当使用增氧剂，采取多管齐下的方式，有力保障水体溶解氧的供给，这是确保养殖成功的关键因素之一。

　　水车式或叶轮式增氧机在养殖中后期应尽量多开启，尤其在天气晴好光照充足的条件下，使微藻光合作用增氧与增氧机机械增氧协同，促进富含溶解氧的表层水与缺氧的中下层水进行交换，提高水体的整体增氧效率，以备夜晚至凌晨之所需。可在放苗前于池塘底部铺设钻有小孔的管道，并在池塘边安设鼓风机与管道相连，通过增设充气式增氧系统，强化水体增氧效果。

　　养殖中后期池塘的对虾生物量已达到一个较高的水平，如果恰逢遇上连续阴雨天气、底质恶化、寒潮来袭、温度骤降等情况时，极易造成水体缺氧。此时应及时使用液体型或颗粒型的增氧剂，迅速提高水中的溶解氧含量，短时间内缓解水体缺氧压力。选用颗粒型或粉剂型的过氧化钙类增氧剂时，一般每亩用量为 $1\sim2$ 千克；选用液体型的过氧化氢类增氧剂时，最好利用特制的管路设施把它直接灌入池底，不仅可提高水体增氧功效，还可改善水质和底质环境。

6. 养殖病害的生态防控

　　养殖生产中对虾病害暴发与否与水体环境质量和虾体自身的健康水平密切相关。所以，在对虾越冬棚养殖过程中，营造和维护良好的水体生态环境，提高对虾的抗病能力是防控病害暴发的两个关键控制点。对此，可针对养殖流程的各个环节加以严格控制。

在环境质量调控方面：①应保证池塘和养殖用水彻底消毒，杀灭潜在的病原生物；②养殖过程科学投喂饲料，使用有益菌制剂及时分解转化养殖代谢产物和水中丰富的有机质，同时促进有益菌形成优势，防止有害菌大量繁殖；③合理使用微藻营养素、水质和底质改良剂对养殖水环境进行调控，优化水质，维持优良微藻藻相，防止藻相剧烈变动或有害蓝藻、甲藻形成优势；④采取封闭式或半封闭式的管理原则，实行有限量水交换，维护和保持水质的稳定，防止对虾应激的发生；⑤合理套养少量的罗非鱼、鲻鱼、草鱼、革胡子鲶、黄鳍鲷等杂食性或肉食性鱼类，清理池中有机碎屑和病、死虾，优化水质环境和防控病害传播。

在提高对虾自身抗病力方面：①在虾苗选购环节应特别重视苗种的质量，放养健康、不带特定性病原的虾苗；②在虾苗中间培养（标粗）时强化前期营养供给，增加投喂优质人工饵料和生物活饵，增强幼虾的体质和健康水平；③养殖过程中通过科学使用益生菌调节和改善对虾机体内环境；④利用中草药、维生素、免疫蛋白、免疫多糖等营养免疫增强剂提高虾体非特异性免疫机能。

通过上述环境调控和对虾"强身健体"的综合措施，全面增强对虾体质，提高抗病、抗应激的能力，达到病害生态防控的效果。

7. 日常管理工作

对虾越冬棚养殖的日常管理主要是做好水、虾、料、氧、调、记、天等方面的工作，每天做到早、中、晚三次巡塘检查，及时掌握养殖过程中对虾、水质、生产记录、后勤保障等各个方面的情况。

（1）水　观察水色、透明度等水环境状况；定期检测盐度、pH、溶解氧、氨氮、亚硝酸盐等常规水质指标；根据池塘水体环境和水源质量情况少量换水；防止排水口处、池堤、越冬棚薄膜出现漏水现象；保证水泵正常工作。

（2）虾　观察对虾活动与分布状况；养殖中后期不定期抛网估测池内存虾量，检查对虾生长和健康状况。

（3）料　按时投喂，及时检查摄食情况，秉持"宁少勿多"的原则，做到适量投喂。

（4）氧　检查增氧机、鼓风机及其他配套设施正常运作；气温升高时应保证越冬棚内适当的通风透气，以缓解棚内长期低压的状态，同时还应防止水温升高、水质恶化或棚内缺氧。

（5）调　根据水质条件和对虾健康状况，合理使用水体消毒剂和营养免疫调控剂，施用渔药时建立处方制，严格实行安全用药的原则要求。

（6）记　做好仓库饲料、药品的登记管理；做好养殖生产记录（如放苗量、进排水、水色、施肥、发病、用药、投料、收虾等），便于日后总结；建立对水产品质量可追溯记录，为提高养殖水平提供依据和参考。

（7）天　养殖过程中应及时了解阶段性的天气动态变化，根据具体天气情况及时调整养殖技术措施，并做好相应的预处理方案。

8. 收获

对虾养殖到商品规格后，根据市场价格行情收捕上市。根据网具的不同，常见的对虾收获方法有拉网收虾和笼网收虾两种。对虾收获的具体时间安排应根据不同的放苗和养殖时间而定，可选择在过年前进行收获，也可从过年后到次年5月陆续分批收获；越冬棚养殖商品虾的规格从10～20克/尾不等。收获方式有一次性收获和分批收获两种，一般养殖大规格虾的多采用分批收获的方式，先用较大网孔的拉网或网笼收捕中等规格的商品虾，留下个体规格相对较小的对虾继续养殖，相对宽松而稳定的养殖环境有利于对虾拓展生长空间，为大规格对虾的养殖生产提供保障。

采用分批收获的，在收虾后应及时对池塘水质和底质进行处理，稳定水体环境，避免存池对虾大面积产生应激反应而造成损失。此外，河口区采用越冬棚的淡化养殖池塘，可在对虾收获前使用少量的活性钙制剂，在一定程度上可提高收获对虾的成活率。

第五章
南美白对虾养殖病害的综合防治技术

  目前南美白对虾养殖生产中常见的病害主要有以下几大类：一是病毒性疾病，如白斑综合征、桃拉综合征、传染性皮下及造血组织坏死等；二是细菌性疾病，如红腿病、细菌性红体病、鳃部细菌性感染、烂眼病、甲壳溃疡病、烂尾病、肠炎病等；三是由其他生物诱发的疾病，如真菌性疾病、寄生虫性疾病、有害藻诱发的疾病；四是由水体环境诱发的病害或应激反应，如对虾肌肉坏死病、对虾痉挛病、应激性红体、缺氧或偷死、对虾蜕壳综合征等；五是多种因素共同作用而引发的疾病，如近几年来发生的对虾早期死亡综合征、偷死综合征、肝胰腺坏死综合征和滞长综合征等。

  与对虾病害发生密切相关的主要因素有：病原、养殖环境和虾体自身的抗病能力。诱发对虾病害的常见病原主要有病毒、微生物、寄生虫及其他有害生物。再者，养殖环境的恶化、突然性的剧烈变化或相关因子超过养殖对虾的耐受阈值均容易诱发病害，一般影响对虾的主要环境因子包括水体的温度、盐度、pH 及水中氨氮、亚硝酸盐等有毒、有害因子等。虾体抗病力主要与对虾的健康水平、体内抗病因子的活性等有关，虾只体质好、抗病力强，则有利于提高其对病原侵染的抵抗能力和增强对环境变化的适应力。

  所以，针对生产中容易诱发对虾病害的相关因子，提出科学的技术措施，才能有效地防控病害的发生，保证养殖生产的顺利开展，取得良好的生产效益。本章将对南美白对虾养殖生产过程中的一些常见病害及防控措施进行介绍。对近几年来养殖对虾所遭遇的"对虾早期死亡综合征"、"偷死综合征"、"肝胰腺坏死综合征"和"滞长综合征"，大多数专家认为这几种疾病均不是由单一病原所导致的，而是病毒、致病弧菌、养殖环境恶化、有害蓝藻等多种因素共同作用的结果，但对其具体的致病机理目前尚在系统研究中。因此，本书将仅作简要介绍。

第一节　南美白对虾常见病毒性疾病及防控措施

病毒是一类超显微的非细胞生物，无细胞结构，由核酸（RNA 或 DNA）和蛋白质构成，只能在活细胞内营专性寄生，靠宿主代谢系统的协助来复制核酸、合成蛋白质等组分，然后再进行装配而得以增殖，在受病毒感染的宿主细胞中往往形成包涵体，包涵体在显微镜下能看到，可以作为诊断病毒的一种简单依据。目前常见的南美白对虾病毒性疾病的病原主要包括白斑综合征病毒（White spot syndrome virus，WSSV）、桃拉综合征病毒（Taura syndrome virus，TSV）、传染性皮下及造血组织坏死病毒（Infectious hypodermal and hematopoietic necrosis virus，IHHNV）等。其中白斑综合征、桃拉综合征和传染性皮下及造血组织坏死已列入了国家一、二类动物疫病名录。

一、养殖对虾病毒性疾病的主要种类及病症

1. 白斑综合征病毒病

20 世纪 90 年代初，对虾白斑综合征病毒病（white spot syndrome，WSS）在亚洲暴发，世界其他对虾养殖地区也有发生，二十几年来给全球的对虾养殖业造成了巨大的经济损失。据统计，每年因对虾白斑综合征病毒病致使全球养殖对虾产量大幅削减近50%。1993 年以来，对虾白斑综合征病毒病在我国沿海养殖区流行甚广，几乎在对虾养殖区普遍发生，危害性极大，给对虾养殖造成严重打击。从全国各地的对虾养殖病害的发生和发展的情况来看，以往在淡水甚至半咸水中很少发现的对虾白斑综合征病毒病也越来越多见，造成的损失也越来越大。该病在我国大部分对虾养殖密集区均有发生，湛江地区的养殖监测显示该病基本伴随养殖全过程。发病南美白对虾小者体长 4 厘米，大者 8 厘米以上，投苗放养后的 30～60 天易发病。

（1）病原体及症状

① 病原体　对虾白斑综合征病毒（WSSV）是一种不形成包涵体、有囊膜的杆状双链 DNA 病毒。在病虾表皮、胃和鳃等组织的超薄切片中，电镜下可发现一种在核内大量分布的病毒粒子，该病毒粒子外被双层囊膜，纵切面多呈椭圆形，横切面为圆形；囊膜内可见杆状的核衣壳及其内致密的髓心。该病毒粒子大小为（391～420）纳米×（101～119）纳米，核衣壳大小为（356～398）纳米×（76～85）纳米。纯化的白斑综合征病毒复染后电镜下观察，完整的病毒粒子呈不完全对称的椭圆形，大小约 350 纳米×100 纳米，有一"长尾"结构。

② 病症及病理变化　对虾白斑综合征病毒主要破坏对虾的造血组织、结缔组织、前后肠的上皮、血细胞、鳃等。急性感染引起对虾摄食量骤降，头胸甲与腹节甲壳易于被揭开而不粘着真皮，头胸甲易剥离，在甲壳上可见到明显的白斑。有些感染对虾白斑综合征病毒病的南美白对虾显示出通体淡红色或红棕色，这可能是由于表皮色素细胞扩散所致。

病虾一般停止摄食，行动迟钝，体弱，弹跳无力，漫游于水面或伏在池边、池底不动，很快死亡。病虾体色往往轻度变红色、暗红色或红棕色，部分虾体的体色不改变。病虾的肝胰脏肿大，颜色变淡且有糜烂现象，血凝固时间长，甚至不凝固。对虾白斑综合征病毒病具有患病急、感染快、死亡率高、易并发细菌病等特点。在养殖生产中一般从对虾出现症状到死亡只有 3～5 天；且感染率较高，7 天左右可使池中 70% 以上的对虾患病；患病对虾死亡率可达 50% 左右，最高达 80% 以上。对虾白斑综合征病毒病也常继发弧菌病，使得患病对虾死亡更加迅速，死亡率也更高。

通常，对虾发病初期可在头胸甲上见到针尖样大小白色斑点，在显微镜下可见规则的"荷叶状"或"弹着点"状斑点，可作为判断的初步依据（彩图 34）。此时对虾依然摄食，肠胃内充满食物，头胸甲不易剥离。病情严重的虾体较软，白色斑点扩大甚至连成片状，严重者全身都有白斑，有部分对虾伴有肌肉发白，肠胃无食物，用手挤压甚至能挤出黄色液体，头胸甲与皮下组织分离，容易剥下（彩图 35）。

（2）养殖水体环境与对虾白斑综合征病毒病的关系　对虾白斑

综合征的发病不仅与对虾的免疫水平、病毒数量、感染方式有关，还与养殖环境密切相关，应用生态调控手段优化水体环境进行白斑综合征病毒的防控日益受到关注。

① 养殖水体中理化因子与白斑综合征病毒病的关系

a. 温度　温度与白斑综合征病毒病的暴发具有极其密切的相关性。不同种类虾的适宜温度及其对白斑综合征病毒的易感温度存在一定的差别。南美白对虾、斑节对虾、中国明对虾、日本囊对虾对白斑综合征病毒的易感温度分别为 27℃、30℃、23℃、25℃，相差较大。说明白斑综合征病毒有很强的温度适应性，在不同温度和虾种中都能复制繁殖。不同种类虾的易感温度虽然有所不同，但大多都是在其最适生长温度范围内。

一般对虾在其最适生长温度下摄食量增大，生长积累增加，同时也增加了经口感染的机会，而经口感染正是白斑综合征病毒病流行的主要途径。随着细胞分裂加快，体内的白斑综合征病毒也随之大量增殖，当机体内的病毒数超过一定阀值时易造成白斑综合征病毒病的暴发。白斑综合征病毒感染、侵入对虾细胞的过程都和水温相关，如在 18℃ 的低温条件下，病毒不易侵入细胞，增殖也慢，虾体虽已感染病毒，但其表观病症并未表现出来。随着温度的升高，白斑综合征病毒病的发病时间、死亡高峰也相应提前，死亡时间逐渐变短。何建国（1999）、朱建中（2001）、姚泊（2002）和 Du（2006）等提出更高的养殖水温（33℃）时能抑制白斑综合征病毒的复制，显著降低白斑综合征病毒感染对虾的死亡率。这主要是因为，适当的热休克刺激不仅能提高南美白对虾的热耐受性，还可显著增强其对白斑综合征病毒的抵抗性。

b. 盐度　盐度变化在一定程度上可引起对虾免疫活性下降，使其抵抗力降低，易受白斑综合征病毒等病原体的感染，病毒一旦在机体内显著增殖，将导致白斑综合征病毒病从潜伏感染到急性暴发。有学者将攻毒后的中国明对虾从盐度 22 转入 14，2 小时后其体内白斑综合征病毒的量是对照组（盐度不变）的近 3 倍。暴雨过后水体盐度骤降，易引起白斑综合征病毒宿主死亡。

有学者提出，海水养殖池对虾白斑综合征病毒阳性比例远高于淡水池，这可能是由于该病毒是海水初发种，在淡水中数量少且不易存活，故采用淡化养殖在一定程度上可相对减少该病害的发生。但淡化过程中应采取渐降的方式，避免盐度变化幅度过大，对虾为适应渗透压变化而耗费大量的能量以维持机体平衡，导致免疫水平下降，使病毒易感性大幅提高。

c. 溶解氧（DO）和化学耗氧量（COD）　水体中溶解氧含量过低会引起对虾缺氧、诱发白斑综合征病毒病，进而导致死亡。溶解氧过低，使水体中有毒、有害物质含量增高，水体中的病原生物大量滋生，增大了对虾病害的易感性；其次，对虾的新陈代谢活动在低溶解氧条件下受到一定的抑制，抗病力降低，给病毒侵入机体创造有利条件。

相应地，水体中的化学耗氧量（COD）也是诱发对虾病毒病暴发流行的主要环境因子之一。据马建新（2002）和李奕雯（2008）等报道，当化学耗氧量含量小于 10 毫克/升时，对虾不易暴发病毒病，当化学耗氧量大于 10.2 毫克/升时，白斑综合征病毒的易感性将大幅提高。养殖过程中在强降雨或台风天气情况下，养殖池底容易被外力搅动，化学耗氧量从 5.6 毫克/升迅速上升到 30.0 毫克/升，此时对虾极易暴发病毒病。

因此，在高温季节要特别关注虾池中的溶解氧和化学耗氧量的变动，并根据天气变化采用合理的管理措施，确保水体溶解氧处于一个相对较高的水平，控制水体化学耗氧量含量在合适范围并保持相对稳定，以降低对虾病害的发生概率。

d. 酸碱度（pH 值）　一般对虾较适宜弱碱性环境（pH 7.8～8.8），对低 pH 值突变的免疫适应性较差，容易增加其对白斑综合征病毒等病原的易感性。低 pH 值会削弱对虾的携氧能力，pH 值向低突变时中国明对虾和南美白对虾溶菌活力逐渐下降，pH 值为7.0～8.5 时中国明对虾幼虾的耗氧率随 pH 值的下降而升高。如果水体环境中的 pH 值变化剧烈，对虾需耗费大量的能量来调节机体的 pH 值平衡，这在一定程度上容易造成虾体代谢的暂时性失调或使相关组织受到损伤，令对虾抗病力降低，增加白斑综合征病毒等病原的易感性。所以，养殖过程中应对水体 pH 进行监测和调节，使之稳定在对虾健康生长的适宜范围内。

e. 氨氮　氨氮能从水体进入对虾组织液内，对其体内酶的催化能力和细胞膜的功能产生不良影响。邱德全等（2007）研究提出，当水体氨氮含量低于 0.35 毫克/升时经白斑综合征病毒感染的对虾在 14 天内虽有发病但未致死，当氨氮高于 0.75 毫克/升时感染对虾全部呈现明显的白斑综合征病毒病症状并死亡。随氨氮质量浓度的升高，死亡率不断升高，且浓度越高，发病越快，死亡数越大。所以，在养殖过程中应尤其注意养殖水体环境的调控，科学地综合应用物理、化学、生物及生态等技术手段，优化养殖环境，以减少氨氮等有毒、有害物质的积累，降低养殖对虾的病害易感性。

f. 亚硝酸盐和硫化氢　亚硝酸盐和硫化氢对养殖对虾均具有相当的毒害作用。亚硝酸盐主要影响对虾血淋巴对氧的亲和性，降低机体的输氧能力，而对机体产生毒害作用。硫化氢则主要表现为急性毒性作用，能够作用于蛋白质结构中的巯基基团，抑制蛋白质的作用。亚硝酸盐和硫化氢均可严重影响对虾的健康水平，使对虾的抗病能力降低，从而在某种程度上加大了白斑综合征病毒对对虾的易感性，所以，在养殖过程中应对其含量进行控制。

② 养殖水体中细菌与白斑综合征病毒病的关系　在养殖过程中科学使用有益菌制剂，不仅能有效净化养殖水体环境，还可在一定程度上防控病害发生，如在养殖水体中不定期施用由芽孢杆菌、乳酸菌、光合细菌和放线菌等制剂，可有效降低白斑综合征病毒病等病害的发生概率。白斑综合征病毒的感染会造成对虾肠道正常菌群结构的失衡，导致患病对虾肠道菌群区系紊乱，如患病对虾的肠道总细菌数约为健康对虾的 10 倍，但其弧菌和乳酸菌所占比例明显低于后者，而气单胞菌的比例则显著高于后者。这可能是由于水体环境中菌相结构失衡，使得对虾肠道内的菌群结构也随之变化，其中的有害菌大幅增加，造成机体抗病能力大幅下降，从而大大提高了白斑综合征病毒的易感性；其次，白斑综合征病毒进入对虾机体后通过某种潜在机制，扰乱机体的抗病屏障，使肠道中的有益菌群受到抑制，从而直接或间接地促进有害菌大幅增殖，打破对虾体内固有的菌相平衡，造成染病对虾与健康对虾的肠道菌群结构有所差别。可见，对虾肠道正常菌群、白斑综合征病毒和机体的健康状态存在必然联系。所以，在养殖过程中可以通过施加芽孢杆菌、光合细菌、乳酸菌等有益菌制剂，净化水质，增强对虾抗病力和免疫

水平，减少养殖对虾疾病的发生。不同的微生物种类，其生理、生态有所差别，在实际使用过程中根据微生物的特点，协同使用效果更好。

③ 养殖水体中微藻与白斑综合征病毒病的关系　水体中微藻的种类和数量等与养殖对虾的病害发生情况有密切关系，尤其是赤潮生物类群，其数量与虾病程度呈正相关关系；微藻的多样性指数与虾病程度呈负相关，多样性指数越低，虾池富营养化程度越高，水质条件越差，越容易发生疾病。水环境中的微藻对抑制白斑综合征病毒病也具有积极作用，李才文等（2003）指出水体中加入赤潮异弯藻与攻毒感染白斑综合征病毒的中国明对虾共同培养，对虾发病情况有所缓和，加藻组虾体内检测到病毒含量比未加藻组略低，死亡高峰期也有所推迟，可能是由于赤潮异弯藻细胞表面含有大量由透明质酸或类似物的毒素抑制效应物。

不同的微藻对白斑综合征病毒水平传播也有一定的影响。等鞭金藻、中肋骨条藻、小球藻、亚心形扁藻、盐藻等都能在一定时间内携带白斑综合征病毒，并通过食物链传播方式使浮游动物感染白斑综合征病毒，进而使对虾幼体染毒致病。微藻对白斑综合征病毒的携带能力与其他无脊椎动物宿主有所不同，藻类主要通过其细胞外表面的特定结构携带白斑综合征病毒粒子，病毒无法进入藻类细胞内部进行有效繁殖。由于白斑综合征病毒在海水中存活时间短及感染活性受限制，当细胞外表面的白斑综合征病毒经过一定时间仍无法入侵到合适的宿主，则在藻类表面短暂附着并死亡，所以微藻在带毒一定时间后检测的白斑综合征病毒即呈阴性。然而，不同藻类所携带白斑综合征病毒呈阳性的时间不同，这也可能主要与其细胞表面特性有关。

虽然微藻表面在特定时间内可携带白斑综合征病毒，但不同种类微藻对水体中浮游白斑综合征病毒也有一定的清除效应，优良微藻还有利于提高白斑综合征病毒带毒对虾的成活率。例如，在南美白对虾低盐度养殖水体中的优势微藻——微囊藻和小球藻表面均可携带少量白斑综合征病毒，且随时间的延长而减少，小球藻还有利于促进水体白斑综合征病毒数量的削减；Tendencia 等（2011）也提出白斑综合征病毒带毒对虾在小球藻培育水体中的成活率会显著提高。

通常养殖中后期水环境中容易形成以微囊藻、颤藻等有害蓝藻为优势的藻相，而在这种水体中带毒对虾的死亡率往往会大幅升高。这主要是由于水体中的微囊藻、颤藻等有害蓝藻能分泌毒素，产生较强的毒害作用，其中微囊藻毒素具有显著的肝脏毒性，Chen 等（2005）在养殖对虾肌肉也中检测到了微囊藻毒素。此外，微囊藻的大量繁殖会降低虾池中微藻群落的丰富度和多样性，影响微藻藻相组成及稳定性，诱发对虾病害，并且随着微囊藻密度或优势度升高而病情加重，养殖对虾成活率和生长速度随之降低。所以，在生产过程中培育优良微藻藻相，防止有毒、有害微藻形成生态优势，有利于养殖对虾的健康生长和白斑综合征的防控。

④ 高位池养殖南美白对虾的白斑综合征病毒携带量动态变化特点　在高位池养殖过程中，南美白对虾的白斑综合征病毒携带量变动范围为 $10^3 \sim 10^9$ 拷贝/克。有几个问题应受到特别关注，可采取有效措施进行病害防控。

a. 市场销售的南美白对虾虾苗有不少均携带白斑综合征病毒，病毒携带量在 10^3 拷贝/克左右，通过科学的养殖管理，携带白斑综合征病毒的虾苗仍能养成到商品虾的规格收获和销售。

b. 虾体内的白斑综合征病毒携带量跟养殖水体生态环境的稳定性和优良与否密切相关。

c. 养殖中后期虾体的病毒携带量呈现明显的波动上升趋势。

d. 白斑综合征病毒病的暴发与水体微藻藻相之间具有一定的相关性，养殖中期水体富营养化程度升高，有害蓝藻——颤藻类逐渐演替为优势种时，对虾体内病毒携带量会呈现出明显的升高趋势。

e. 台风和强降雨天气时，水体环境容易发生剧烈变化，微藻藻相波动明显，对虾体内病毒携带量也会随之显著升高。

f. 水温是影响白斑综合征病毒复制的重要因素之一，秋冬季养殖过程中在搭建越冬棚前后，养殖水体在短时间内的最大温差可达 7℃，由原来的 20℃左右升高到 26℃左右，该温度条件下病毒复制活性增强，加上水温骤变，使得对虾容易产生应激反应，抗病力有所下降，导致对虾体内病毒携带量大幅升高。

⑤ 滩涂土池养殖南美白对虾的白斑综合征病毒携带量动态变化特点　滩涂土池养殖南美白对虾的白斑综合征病毒携带量动态变化的特点与高位池的类似。

a. 养殖过程中大多数池塘的对虾均可检测出携带白斑综合征病毒，携带量一般为 10^5 拷贝/克左右，对虾多处于高风险的养殖状态，但通过科学的养殖管理带毒对虾仍能养成到商品虾的规格收获和销售。

b. 虾苗放养 30 天和 60 天左右时，虾体的白斑综合征病毒携带量多会呈现波动高峰，可能潜在一个白斑综合征病毒复制敏感期，养殖管理过程中应予以注意。

c. 遭遇台风、强降雨和持续高温天气，水体 pH 和盐度容易发生变化，养殖对虾的白斑综合征病毒携带量亦相应地呈现明显的变动，表明水体 pH 和盐度变化与白斑综合征病毒携带量间呈显著的相关性。

d. 整个养殖过程中水体环境良好且保持稳定的池塘，虾体白斑综合征病毒携带量多处于较低的水平，波动幅度小，养殖对虾成活率相对较高。

e. 实际养殖生产中，白斑综合征病毒的增殖或白斑综合征病毒病的暴发受多种环境因子共同作用的影响，仅仅针对单一因子进行调控，效果相对不明显。

2. 桃拉综合征病毒病

(1) 病原体及病症　对虾桃拉综合征病毒病的病原体是桃拉病毒（TSV），它是一种直径为 31～32 纳米的球状单链 RNA 病毒，主要宿主为南美白对虾和细角滨对虾，感染该病的对虾死亡率接近 60%。患病南美白对虾体长一般在 6～9 厘米，投苗放养后的 30～60 天期间易发病。患病对虾主要表现为尾足、尾节、腹肢甚至整个虾体体表都变成红色（彩图 36）或茶红色，有些虾体局部出现黑色斑点，这主要是患病对虾的甲壳部位形成色素沉积，显微观察呈现以黑色为中心的暗红色放射性斑区（彩图 37、彩图 38）。胃肠道肿胀，肝胰腺肿大，变白，摄食量明显减少或不摄食，消化道内没有食物；在水面缓慢游动，离水后活力差，不久便死亡；患病初期池边有时可发现少量病、死虾，随着病情加重死虾数量会不断增加。也有部分病虾的症状不明显，身体略显淡红色，但进行 PCR 病原检测呈阳性。一般发病池塘多表现为底质环境恶化、水质富营养化、水中氨氮及亚硝酸盐含量过高、透明度在 30 厘米以下。

（2）发病特点 对虾桃拉综合征病毒病一般具有患病急、病程短、死亡率高的特点。通常早春放养的幼虾容易发生急性感染，从发现 4～6 天开始对虾摄食量大幅减少，随后大量死亡；如果能坚持到 1～2 周，死亡对虾数量渐渐有所减少，而变为慢性死亡，在池边和排污口时有死虾。患病幼虾死亡率可达 50% 以上，高的甚至可达到 80%～100%；成虾则相对更容易发生慢性死亡，死亡率在 40% 左右。一般发病池塘的水体溶解氧含量相对较低。

3. 传染性皮下组织及造血组织坏死病毒病

病原体为传染性皮下组织及造血组织坏死病毒（IHHNV），该病毒是一种单链 DNA 病毒，属于细小病毒科。主要感染鳃、表皮、前后肠上皮细胞、神经索和神经节，以及中胚层器官，如造血组织、触角腺、性腺、淋巴器官、结缔组织和横纹肌等，在宿主细胞核内形成包涵体。

患病对虾身体变形，通常会出现额角弯向一侧，第六体节及尾扇变形变小。虽然该病的致死率不高，但对虾生长受到严重影响，经长时间养殖的对虾个体仍然较小，有的养殖 100 多天后，虾体长只有 4～7 厘米。若养殖者放养了携带此病毒的虾苗，养殖 30 天左右发现幼虾生长严重受限，应及时采集虾样送检，确定病因后及早处理，避免耗费大量的成本，影响养殖生产效益。

二、病毒的传播方式

病毒必须感染宿主，进入宿主体内相关组织器官的活细胞内营专性寄生生活，靠宿主代谢系统的协助来复制核酸、合成蛋白质等组分，然后再进行装配增殖。例如，白斑综合征病毒可感染虾类（包括龙虾）、蟹类和多种水生甲壳类生物（如水生昆虫、桡足类、海蟑螂等），当外部条件适宜时通过食物链方式，在养殖生态系统中可感染养殖对虾。一般对虾病毒病的传播途径有垂直传播和水平传播。

1. 垂直传播

亲虾通过繁殖将病毒传播给子代（虾苗）。所以，若使用携带某种病毒的亲虾进行繁育生产，其生产的后代虾苗多将成为病毒携带者。

2. 水平传播

养殖过程中水环境中的病毒经摄食（经口）感染、侵入感染（经鳃或虾体创伤部位侵入）等途径入侵对虾机体，使健康对虾进入潜伏感染或急性感染状态。一般经由水平传播途径的感染有以下几种常见的情况。

（1）健康对虾摄食携带病毒的甲壳类水生动物（如杂虾、蟹类等）被感染。

（2）健康对虾摄食携带病毒的浮游生物〔如卤虫（丰年虫）、桡足类、水生昆虫等〕被感染。

（3）感染了病毒的病虾、死虾被健康对虾摄食。

（4）水体中的浮游病毒经对虾呼吸侵入鳃部或经虾体创伤部分侵入机体。

（5）某个池塘的患病对虾被养殖场周边的飞禽、鼠类、蟹类摄食，病毒经由它们再传播到其他原本未患病的池塘，或因养殖者管理不善将患病池塘的病原带入其他池塘，导致病原由点到面全面感染各养殖池塘的对虾。

三、病毒性疾病的诊断方法

病毒病可依据病症和病理变化初步诊断，结合使用分子生物学技术进行确诊。目前可用于检测对虾病毒的方法有 PCR 技术、LAMP 技术、TE 染色技术、原位杂交技术、点杂交技术等。当前市面上已有用于检测几种对虾常见病毒的简易型病毒检测试剂盒。在国家或行业标准中主要使用 PCR 和 RT-PCR 技术对对虾病毒病进行确诊。

1. 巢式 PCR 检测（定性检测）

选择白斑综合征病毒的基因保守序列设计获得两对引物，对待测对虾取样（鳃、肝胰腺、血液、附肢），提取核酸，利用两对引物分步进行聚合酶链式反应（PCR）扩增，通过凝胶电泳与阳性对照（确认携带目标病毒的样品）比对。当待测虾样出现与阳性对照相同的条带，说明待检虾体携带了目标病毒。该种方法主要用于定性检测，具有特异性好、灵敏度高的特点。

2. 实时荧光定量 PCR 检测（定量检测）

主要包括 SYBR Green Ⅰ、杂交探针和 Taqman（水解探针）三种方式。提取待检虾样核酸的方法与巢式 PCR 检测的相同，但在进行聚合酶链式反应（PCR）扩增时需要额外添加具有报告荧光基团和淬灭荧光基团的探针，利用荧光实时监测系统接收到荧光信号，每扩增一条核酸链就有一个荧光分子形成，使得荧光信号累积与核酸链增加形成正比关系，最后通过与标准曲线比对，获得病毒的定量数值。

3. LAMP 检测技术

LAMP 是环介导等温扩增（Loop-mediated isothermal amplification，LAMP）的简称，它主要是针对病毒的特定区段设计多个不同的特定引物，利用链置换反应在一定的温度（63～65℃）条件下进行病毒特定核酸序列扩增，具有扩增效率高、反应快、特异性强的特点，可在 15～60 分钟内完成整个扩增过程，再通过与标准样品进行比对，即可获得待检虾样携带病毒量的结果。一般多为相对定量。目前，中国水产科学研究院黄海水产研究所通过该种技术已研制出对虾白斑综合征病毒（WSSV）、对虾桃拉综合征病毒（TSV）、对虾传染性皮下及造血组织坏死病毒（IHHNV）、对虾黄头病毒（YHV）、对虾肝胰腺细小病毒（HPV）等多种简易型病毒检测试剂盒。

四、对虾病毒性疾病的防控措施

根据对虾病毒病的发病规律、传播方式和发病机理，应从以下几个方面防控对虾病毒病。

1. 选择适宜的放养季节

对虾病毒病有极强的季节性特征，春夏相交、天气未稳定、寒潮多发等时节，病毒病多发。建议一般养殖者尽量避开这段时间，可先期做好准备工作，积极关注中长期天气预报，待天气稳定后才开始养殖生产。具备优越生产条件、良好操作技能的养殖者若要争取养殖时间差，应充分做好准备工作，并尽可能只安排部分池塘进行养殖。

2. 严格选择苗种

严格选用不携带特定病毒（SPF）的虾苗。购苗时要求虾苗场出具相关证明（虾苗检疫合格证、虾苗幼体来源证明及其亲本检疫合格证明等），或自行到有资质单位检测虾苗，保证虾苗不携带白斑综合征病毒、桃拉综合征病毒和传染性皮下及造血组织坏死病毒。

3. 根据养殖条件及管理技术水平，控制合适的放养密度

放养密度过高，不但会导致管理成本上升，还会因饲料投喂和养殖代谢产物增多造成水环境污染，致使对虾易发病，得不偿失。对于南美白对虾高位池养殖的放养密度应控制在每亩 10 万～15 万尾，滩涂土池养殖和淡化土池养殖的放苗密度应控制在每亩 4 万～6 万尾。如养殖小规格商品虾的可适当提高放养密度，或计划在养殖过程中根据市场需求分批收获的也可依照生产计划适当提高放苗密度，但总体而言，高位池的最高不应超过每亩 30 万尾，土池不应超过每亩 12 万尾。

4. 做好池塘生态环境的调控和优化

（1）池塘在开始养殖前要彻底清淤、暴晒或清洗，灭菌消毒要彻底。

（2）放养虾苗前，合理施用微藻营养素和有益菌（以芽孢杆菌为主）培养优良藻相和菌相，营造良好水色和合适透明度。

（3）养殖过程中每 1～2 周施用有益菌制剂（芽孢杆菌、乳酸菌、光合细菌），及时降解转化养殖代谢产物，削减水体富营养化，同时维持稳定的优良藻相和菌相。

（4）养殖全程培育和稳定水体优良微藻藻相，避免形成以颤藻、微囊藻等有毒、有害蓝藻为优势的藻相结构。

（5）养殖过程保持水体中充足的溶解氧。

（6）养殖过程适当换水，保持水质的新鲜度，最好使用沉淀蓄水池，水源经消毒后再使用，减少外源环境的影响和交叉感染。

5. 科学投喂饲料与营养免疫

（1）选用符合对虾营养需求的优质配合饲料，精准投喂。

（2）加强养殖对虾的营养免疫调控，适当加喂益生菌、免疫蛋

白、免疫多糖、多种维生素及中草药等，增强对虾的非特异性免疫功能，提高对病毒的抵抗力。

（3）在病害发生期和环境突变期，少进水或不进水，加喂中草药、维生素C、大蒜等，提高对虾的抗应激能力、免疫力和抗病毒能力，预防病毒病的发生和蔓延。

6. 套养适量的鱼类防控对虾病害

根据不同地区水质情况，可在对虾养殖池塘中套养适量的罗非鱼、鲻鱼、草鱼、革胡子鲶、蓝子鱼、黑鲷、黄鳍鲷、石斑鱼等杂食性或肉食性鱼类，摄食池塘中的有机碎屑和病、死虾，起到优化水质环境和防控病害暴发的作用。在选择套养鱼类品种时，应该充分了解当地水环境的特点，了解所拟选鱼类的生活生态习性、市场需求情况，选择合适的品种，确定鱼、虾的密度比例、放养时间、放养方式。例如，在盐度较低的养殖水体可选择罗非鱼、草鱼、革胡子鲶等，盐度较高的养殖水体可选择鲻鱼、蓝子鱼、黑鲷、黄鳍鲷、石斑鱼等。鱼的放养方式需要根据混养的目标需求而定，以摄食病、死虾和防控虾病暴发为目标的可选择与南美白对虾一起散养，以清除水体中过多的有机碎屑、微藻为目标的可选择与南美白对虾一起散养，也可用网布将鱼围养在池塘中的一个区域。

（1）南美白对虾与罗非鱼套养　在水体盐度10以下的对虾养殖水体可套养罗非鱼。虾苗的放养密度为4万～6万尾/亩，个体全长为0.8～1厘米；罗非鱼放养密度为200～400尾/亩，个体规格为平均每尾5克以上。水体年平均盐度小于5的还可同时每亩套养鳙50尾或鲢30尾。放苗顺序为先放养虾苗，养殖2～3周对虾生长到体长2～2.5厘米时再放养罗非鱼。

（2）南美白对虾与草鱼套养　在水体盐度5以下的可选择套养适量的草鱼。先放养个体全长0.8～1厘米的南美白对虾虾苗4万～6万尾/亩，养殖2～3周时对虾生长到体长2～2.5厘米时再放养草鱼，草鱼个体规格为1千克左右，数量为每亩30～60尾，具体根据放养虾苗的密度适当调整。

（3）南美白对虾与革胡子鲶套养　在水体盐度10以下的可选择套养革胡子鲶，利用它摄食病、死虾，切断对虾病害的传播途径，可有效防控对虾病害的暴发。放苗时可按5万～10万尾/亩的密度先投放个体全长 0.8~1 厘米的南美白对虾虾苗，养殖 2~3 周时对虾个体生长到体长 2~2.5 厘米时再放养革胡子鲶，革胡子鲶个体规格为 400 克左右，每亩的放养数量为 50 尾左右。

（4）南美白对虾与革胡子鲶、鲻鱼的网围分隔式套养　在对虾养殖池塘中央处设置围网，围网与池塘的面积比例为 1∶5，围网网孔大小为使对虾能出入网孔而鲻鱼和革胡子鲶不能出入网孔，围网的边缘平齐于增氧机引起的池塘水流的内圈切线。围网外投放南美白对虾和肉食性的革胡子鲶，围网内投放杂食性的鲻鱼。放苗时可按 5 万~10 万尾/亩的密度先投放个体全长 0.8~1 厘米的虾苗，养殖 2~3 周时对虾个体生长到体长 2~2.5 厘米时再放养鲻鱼和革胡子鲶，两种鱼的个体规格均为 400 克左右，鲻鱼每亩放养数量为 50 尾，革胡子鲶为 30 尾。

（5）南美白对虾与石斑鱼的套养　在水体盐度较高的地方可选择套养石斑鱼。南美白对虾虾苗的放养密度为 5 万~10 万尾/亩，个体体长为 0.8~1 厘米，放苗养殖一个月左右对虾规格达到体长 3~5 厘米时，按每亩 30 尾的数量放入个体规格为 50~100 克的石斑鱼进行套养，到对虾养殖 2 个月左右时，再按每亩 30 尾的数量放入个体规格为 120~150 克的石斑鱼进行套养。

7. 早发现、早诊断、早治疗

做好养殖管理，经常观察养殖对虾的活动、摄食和池塘水色、微藻藻相、水质的变动状况，及早发现病情，作出诊断，及时采取措施。发现养殖对虾发病死亡，首先停止投喂饲料三五天，同时稳定良好水质和藻相，增强水体增氧，及时清理死虾，再逐渐恢复饲料投喂，同时进行营养免疫强化，控制病情发展和蔓延。必要时可适量使用安全高效的消毒剂进行水体消毒。

8. 严格禁止随意处理病、死虾和排放死虾池塘的养殖水体

应防止造成病毒的扩散，污染海区水域，传播病害。发现养殖对虾发生病害时，应及时捞出虾池内的病、死虾，运输至远离养殖区的地方，用生石灰或漂白粉消毒后掩埋处理，养殖池塘水体应进行消毒处理后再排放。治疗期间的换水、排水应作适当消毒处理后再排放；放弃养殖的池塘，应施用漂白粉彻底杀灭水体生物，停置 4~5 天后再排放。

第二节　南美白对虾细菌性疾病及防控措施

对虾养殖生产过程中细菌性疾病较为常见。细菌从形态特征上可分为球菌、杆菌和螺旋菌三大类，根据革兰染色的特性可分为革兰阴性菌（红色）和革兰阳性菌（紫色）两大类。南美白对虾养殖环境中的弧菌、气单胞菌等大多数条件致病菌多属于革兰阴性菌，芽孢杆菌等有益菌多属于革兰阳性菌。通常，随着养殖水体富营养化水平的升高，在养殖环境恶化，弧菌等有害菌和致病菌数量往往会大幅度升高，通过鳃呼吸、摄食、创伤等途径入侵对虾体内并引发细菌性疾病，或对携带病毒和体质较弱的对虾引起继发感染。

一、养殖对虾细菌性疾病的主要种类及病症　　　●●

1. 红腿病或细菌性红体病

病原主要为副溶血弧菌、溶藻弧菌和鳗弧菌等致病菌。患病对虾附肢变红，尾扇、游泳足和第二触角均变为红色（彩图39），甚至虾体全身变红（彩图40）；头胸甲的鳃区呈黄色；多数病虾会出现断须现象，常在池边缓慢游动，摄食量大幅度降低。

2. 烂鳃/黑鳃/灰鳃病

病原主要为细菌、寄生虫或丝状藻类。患病对虾鳃部被病原感染，显微镜下可见鳃丝处有大量细菌（彩图41）或寄生虫（如聚缩虫等纤毛虫类）（彩图42）、丝状藻类等异物（彩图43），引起鳃丝肿胀（图5-1）、变脆，呈灰色或黑色，甚至从鳃丝尾端基部开始溃烂。严重时整个鳃部变为黑色，大面积糜烂和坏死，完全失去正常组织的弹性，坏死部位组织发生明显的皱缩或脱落。病虾多浮于水面，游动缓慢，反应迟钝，摄食量大幅减少，甚至死亡，尤其当水体溶解氧含量较低时患病对虾死亡情况更为严重。一般在水环境恶化时该病较为多见，在水质良好的养殖水体中该病症较少出现。

3. 烂眼病

烂眼病的病原主要为弧菌。患病对虾眼球肿胀，变为褐色，严重时甚至溃烂脱落仅剩下眼柄，病虾漂浮于水面翻滚，行动迟缓。

图 5-1　患病对虾鳃部肿胀变灰

4. 褐斑病 （甲壳溃疡病）

该病的病原主要为弧菌属、气单胞菌属、螺旋菌属和黄杆菌属的细菌。患病对虾体表和附肢上有黑褐色或黑色斑点状溃疡，斑点的边缘较浅，中间颜色深，溃疡边缘呈白色，溃疡的中央凹陷，严重时斑点不断扩大，使得甲壳下的组织受到侵蚀，在病情未得到有效控制时陆续死亡。

5. 烂尾病

病原主要为由几丁质分解细菌及其他细菌继发感染。养殖对虾体表形成创伤，当养殖水体环境恶化时即容易受几丁质分解细菌及其他细菌的继发感染，使尾部呈现黑斑及红肿溃烂，尾扇破、断裂。有些症状与褐斑病相似。

6. 肠炎病

病原主要为嗜水气单胞菌和其他致病弧菌。患病对虾摄食大幅减少甚至不进食，消化道无食物，胃部呈血红色或肠道呈红色，中肠变红且肿胀，直肠部分外观浑浊，界限不清。病虾游动迟缓，体质较弱，如果未及时治疗处理容易继发其他病害，导致养殖对虾大量死亡。

二、细菌性疾病的主要防治措施

由于养殖对虾细菌性疾病的主要病原是致病细菌，因此，养殖过程中一方面应注意对养殖水体及环境的消毒，对病原细菌进行杀灭处理；另一方面可合理使用芽孢杆菌等有益菌净化水质，抑制病原细菌的生长。具体可参照如下措施防治该类病害。

（1）在虾苗放养前对养殖池塘进行彻底清洗、暴晒和消毒，水源进入池塘后合理使用安全高效的消毒剂对水体进行彻底的消毒，杀灭潜藏于养殖环境中的病原细菌。

（2）养殖全程定期使用芽孢杆菌制剂，同时配合使用光合细菌和乳酸菌，降解养殖代谢产物，净化水质，维持良好的微藻藻相和菌相，营造良好养殖环境，促使有益菌成为优势菌群，抑制弧菌等条件致病菌的生长，清除病原大量繁殖的温床，减少对虾的感染概率。

（3）养殖前期实行封闭式管理，中后期实行有效量水交换的半封闭式管理。最好配备一定数量的蓄水消毒池，养殖过程中新鲜水源经过消毒净化后再引入池塘，减少外源污染和病害交叉感染。

（4）在对虾发病的高危季节，合理使用二氧化氯、二溴海因等安全高效的消毒剂，有效防控养殖环境中病原细菌的大量生长与繁殖；同时，可在对虾饲料中合理添加芽孢杆菌、乳酸菌等有益菌，或间隔拌料投喂大蒜及中草药制剂，每天 2 次，连用三五天，每两周重复一次。一方面调节养殖对虾体内肠道的菌群结构，促进有益菌形成优势，抑制病原细菌的生长；另一方面提升养殖对虾的健康水平，增强体质，提高抗病能力。

第三节　由其他生物诱发的疾病及防控措施

一、真菌性疾病——镰刀菌病

镰刀菌病是对虾较常见的真菌性疾病。病原为镰刀菌，菌丝呈分支状，有分隔，可形成不同大小的孢子和厚膜孢子，其中大分子孢子呈镰刀形，故名镰刀菌。镰刀菌多寄生于对虾的头胸甲、鳃（彩图 44）、附肢、眼球和体表等处的组织内，使得相关部位的组织器官受到严重破坏，一般受感染的组织因黑色素沉淀而呈黑色；同时，还可产生真菌毒素，使宿主中毒。对于该类疾病主要是通过消毒水体和池塘环境达到防控的目的。在虾苗放养前对池塘进行彻底清洗、暴晒和消毒，水源进入池塘后，合理使用安全高效的消毒剂对水体进行彻底的消毒，杀灭潜藏于池塘环境中的病原体。养殖过程中可选用二溴海因或含碘消毒剂进行消毒处理，杀灭水环境中的分生孢子和菌丝，对已寄生于对虾体内的镰刀菌及其分生孢子，目前尚无特别有效的办法进行处理。

二、寄生虫性疾病

1. 固着类纤毛虫病

病原主要为钟形虫、聚缩虫、单缩虫、累枝虫或壳吸管虫等寄生虫（彩图45、彩图46）。患病对虾体表、附肢和鳃丝上形成一层灰黑色绒毛状物。病原体寄生于鳃部的危害相对较大，可使对虾鳃部变为黑色或灰色，症状与细菌性黑鳃病类似，严重时鳃部肿胀，对虾呼吸和蜕壳困难。病虾活动迟缓，常浮游于水面，摄食量大幅减少，生长停滞，不易蜕壳。该病症一般在水环境富营养化水平不断升高、水质恶化、池底大量有机物沉积时较多出现。

所以，对该病的防控措施须"多管齐下"。一是相继使用针对寄生虫和水环境的安全高效消毒剂，药效消除后再配合有益菌制剂调剂水质，间隔1～2周重复处理一次；二是注意养殖过程水体环境的管理，定期使用芽孢杆菌，同时配合使用乳酸菌和光合细菌等有益菌制剂，促使养殖代谢产物得以及时降解转化，稳定优化水体环境；三是科学使用水体营养素，避免水体有机物含量过多，富营养化水平负荷过大，尤其不使用未经充分发酵的有机营养素；四是养殖过程中不定期在饲料中拌喂大蒜和中草药制剂，每天2次，连用3～5天，调节对虾抗病能力。

2. 微孢子虫病

病原主要为微粒子虫、塞罗汉虫、阿格玛虫、匹里虫、肠孢虫等。微孢子虫个体较小，显微镜下观察多为卵圆形或梨形，孢子长2～10微米，宽1.5～4.2微米。患病对虾肌肉变白浑浊、不透明、失去弹性。由于对虾病毒性疾病、弧菌病和肌肉坏死病等也可使虾体肌肉变白浊，在诊断时可取白浊组织做显微镜涂片，在高倍镜下能观察到孢子细胞即可确诊。微孢子虫病在华南对虾养殖地区是一种较为常见和危害较大的慢性疾病，在整个疾病防治周期感染率可达90％，积累死亡率可达到50％以上。该病症多见于1～3厘米的幼虾，但仔虾、幼虾和成虾均可被感染患病。病虾游动迟缓，多浮游于池边，摄食量大幅减少甚至停止摄食，生长停滞，体质逐渐衰弱，陆续死亡。

目前，针对该病尚无有效治疗方法，主要还是加强预防。首先，在虾苗放养前对池塘进行彻底清洗、暴晒和消毒，水源进入池塘后，合理使用安全高效的消毒剂对水体进行彻底的消毒，杀灭潜藏于池塘环境中的病原生物；其次，养殖过程中不定期使用低毒高效的消毒剂进行水体消毒处理；再者，发现池塘中出现患病对虾，应立即捞出并销毁，防止被健康的虾吞食或腐败后微孢子虫的孢子散落在水中扩大传播，感染健康的对虾。

三、有害藻诱发的疾病

1. 蓝藻中毒

一般在对虾养殖中后期水体富营养化程度不断升高，透明度小于 30 厘米时，往往容易出现以有害蓝藻为优势的微藻藻相结构。在盐度小于 10 的水体中有害蓝藻主要以微囊藻为主，当盐度大于 10 以上则主要以颤藻类为主。这两类蓝藻均可分泌微囊藻毒素，胡鸿钧（2011）报道微囊藻毒素攻击的主要器官是动物的肝脏、其中 50%～70% 的毒素发现在肝脏、7%～10% 在肠道，而且毒素可从肝脏到肠道，并在肝肠间进行再循环。所以，在这种水体环境中，养殖对虾容易发生中毒，肝胰腺和肠道受到破坏，最终死亡。通常在池塘下风处的水体表层会出现积聚较多蓝藻水华，伴有腥臭味，池边可见漂浮的死亡对虾。

（1）虾池中的常见蓝藻代表种类

① 绿色颤藻　对虾养殖池塘优势种，海水池塘和低盐度淡化养殖池塘均可见，以群体形式存在。原植体为单条藻丝或多条藻丝组成的块状漂浮群体，藻丝不分枝，较宽，能颤动，横壁不收缢。以藻殖段方式繁殖。细胞为短柱状或盘状，原生质体均匀无颗粒，细胞长 4～8 微米（彩图 47）。

② 铜绿微囊藻　池塘水体中的微囊藻以群体形式存在，多见于低盐度淡化养殖水体。群体呈球形团块状或不规则团块，橄榄绿色或污绿色，为中空的囊状体，群体外具有胶被，质地均匀，无色透明。群体中细胞分布均匀而密贴。细胞球形、近球形、直径 3～

7微米。原生质体灰绿色、蓝绿色、亮绿色、灰褐色（彩图48）。

③ 微囊藻水华　多见于低盐度淡化养殖水体，以群体形式存在。群体为球形、长圆形，形状不规则网状或窗格状；群体无色、柔软而具有胶被。细胞球形或长圆形，多数排列紧密；细胞淡蓝绿色或橄榄绿色，有气泡。可自由漂浮于水中，或附着于水中的各种基质上（彩图49、彩图50）。

（2）防控有害蓝藻的主要措施

① 定期使用芽孢杆菌等有益菌制剂，及时分解养殖代谢产物；实行科学的饲料投喂策略，以免残余饲料积累过多使水环境中的有机物含量大幅升高，为有害蓝藻的暴发式生长提供有利条件。

② 在刚刚出现蓝藻过度繁殖的初期，配合使用光合细菌、乳酸菌与芽孢杆菌，交替泼洒，反复三五次，净化水质，抑制蓝藻生长。

③ 当水体中蓝藻数量已经较高时，先使用安全高效的消毒剂杀灭部分蓝藻，再使用芽孢杆菌分解死藻尸体，每三五天重复一次，反复两三次；进行上述处理后，可选择在水源条件较好时引入部分新鲜水源，或从其他微藻藻相优良的池塘中引入部分水源，补充优良微藻藻种，重新培育优良藻相；同时，为保证水体溶解氧水平，需强化增氧机的开启。

2. 甲藻危害

（1）夜光藻（彩图51、彩图52）　在海水对虾养殖的中后期，随着池塘水体中有机物含量不断升高，有时会出现水体在夜晚呈现出荧光的现象，尤其是在增氧机拍溅的水花处荧光现象更为明显，养殖对虾在池边跳跃时也可呈现出明显的荧光状。这表明，此时的养殖水体中形成了以夜光藻为优势浮游生物群落结构，有的养殖对虾体表黏附了夜光藻。这种水环境下，对虾容易产生应激反应，略受惊扰即容易发生"跳虾"的现象，摄食量有不同程度的减少，严重时甚至出现对虾陆续死亡的情况。

夜光藻属于海水甲藻的一个种类，具有较强的耐污性，喜欢在富营养化的水体中生长，具有自我发光的能力，属于常见的赤潮生物种类之一。藻体细胞近于圆球形，营游泳生活。细胞直径为0.15～2.0毫米。细胞壁透明，由两层胶状物质组成，表面有许多微孔。口腔位于细胞前端，上面有一条长的触手，触手基部有一条短小的鞭毛，纵沟在细胞的腹面中央。细胞背面有一杆状器，使细胞作前后游动。虽然夜光藻自身不含毒素，但可黏附于养殖对虾的鳃部，阻碍呼吸，严重时甚至会引起对虾窒息死亡，败坏水质，继而诱发其他有毒、有害生物的大量生长，导致对虾的继发性感染患病或死亡。

防控夜光藻的主要措施有以下几点。

① 定期使用芽孢杆菌等有益菌制剂，及时分解养殖代谢产物；实行科学的饲料投喂策略，以免残余饲料积累过多使水环境中的有机物含量大幅升高，为夜光藻的暴发式生长提供有利条件。

② 当发现水体中出现夜光藻，但数量还相对较少时，加强芽孢杆菌制剂的使用，同时配合使用适量的光合细菌，反复两三次，净化水质，压制夜光藻的生长。

③ 当水体中夜光藻已形成优势时，可选择在水源质量较好时进行适量换水，同时提高水体的增氧强度，保证溶解氧的供给。

④ 若通过换水仍未能有效控制夜光藻的数量，可适量使用低毒高效的消毒剂杀灭部分藻细胞，随后根据水体情况适度提高芽孢杆菌等有益菌制剂的使用量，同时，提高水体增氧机的开启强度。

（2）其他甲藻

① 对虾养殖池塘常见甲藻的种类与危害　在南美白对虾养殖高位池中常见的甲藻种类有锥状斯氏藻、钟形裸甲藻、微小原甲藻、透明原多甲藻、大角藻、飞燕甲藻等，滩涂土池的常见甲藻种类为微小多甲藻、真蓝裸甲藻、赤潮异弯藻等。虾池中的大部分甲藻具有较好的环境适应性，在水体盐度 5～30、水温 20～30℃、pH 7.0～8.7 的水质条件下均可生长。一般随着水体富营养化水平不断升高，容易引起甲藻暴发式的增长繁殖，使水体变为淡红色、暗红色或红棕色，水"黏"而不"爽"，多泡沫，发出腥臭味。死亡藻体滋生腐生细菌，容易致使水中溶解氧急剧下降。有些甲藻种类还可产生甲藻毒素，可破坏动物的呼吸系统、神经系统和肌肉组织，严重影响养殖对虾的存活与健康生长。彭聪聪等（2011）报道，在南美白对虾滩涂土池养殖过程中，早期出现了以甲藻为优势的微藻藻相，甲藻的生物量优势度达到 20％～40％，导致在放苗

养殖一个月左右对虾出现黄鳃并蜕壳困难的症状，有不少对虾陆续死亡，最终对虾养殖产量、收获对虾的个体规格、养殖经济效益等均远低于其他以蛋白核小球藻等优良微藻为优势的虾池。

② 虾池常见甲藻种类的判别

a. 大角藻—单细胞，细胞具 3 个明显的角，胞壁厚，具平滑或具窝孔状的板片，其间具板间带，具或不具顶孔，色素体多数，颗粒状，呈黄色、褐色。

b. 锥状斯氏藻—又称锥状斯克里普藻，细胞梨形，长 16～36 微米，宽 20～23 微米。上锥部有突起的顶端，下锥部半球形。横沟宽，位于中央。孢囊球形至卵圆形，钙质，多刺。叶绿体黄褐色。温度适应范围 2.5～31.5℃，盐度适应范围 0～16。

c. 裸甲藻—细胞长形，背腹显著扁平。上锥部与下锥部等大或比下锥部略大而狭，铃形、钝圆形，下锥部略宽，底部末端平，常具浅的凹陷。横沟环状，略左旋，深陷，纵沟宽，向上伸入上锥部，向下达下锥部末端。色素体多数，小盘状，呈蓝绿色；无眼点。

d. 多甲藻—藻体单细胞、椭圆形、卵形或多角形；具有 1 个大的细胞核。背腹扁，背面稍凸，腹面平或凹陷，纵沟和横沟明显，细胞壁有多块板片组成。有多个色素体，形状为粒状，周生，黄褐色、黄绿色或褐红色。有的种类具有蛋白核。

e. 原甲藻—细胞呈圆形或心形，左右侧扁，细胞壁中央有一条纵列线，将细胞分为左右两瓣；具有 2 个侧生的色素体。两条鞭毛自前端伸出，壳面有孔状纹。

③ 防控措施　与夜光藻的防控方法相同。

四、多种因素共同作用而引发的疾病　●●

近几年来养殖对虾所遭遇的"对虾早期死亡综合征（EMS）"、"偷死综合征"、"肝胰腺坏死综合征"和"滞长综合征"给我国乃至全球的对虾养殖造成了巨大影响，导致对虾大规模减产。患病对虾的主要病理表现为体弱、肝胰腺萎缩呈淡黄色或肝胰腺糜烂发红，摄食量大幅减少甚至停止摄食，死亡率 90% 左右。呈现出从基部到末梢的肝胰腺退化和功能障碍，部分细胞从坏死的组织上脱落后进入肝胰腺小管腔和肠道内。在感染的后期，肝胰腺内出现渗入的血细胞，伴随着继发性细菌定植其中，引起上皮细胞的大量坏死脱落。经研究，大多数专家认为，这三种病症均不是由单一病原所导致的，而是病毒、致病弧菌、养殖环境恶化、有害蓝藻等多种因素共同作用的结果。但不同的专家对上述病源的观点也存在一定的差别。

国家虾产业技术体系首席科学家，中山大学何建国教授从流行病学、病毒性疾病、细菌性疾病、藻类毒性、环境因子等几个方面进行分析。采集了不同地区的患病对虾，并检测虾体不同组织中的细菌情况，发现均存在大量的不同细菌，并且不同地区样品的主要细菌种类也不同。因此，他推测如果肝胰腺坏死症是由细菌所致，那应该不是单一种类的副溶血弧菌造成的。其次，从患病对虾的病毒检测来看，白斑综合征病毒（WSSV）、桃拉综合征病毒（TSV）、传染性皮下及造血组织坏死病毒（IHHNV）、黄头病毒（YHV）、传染性肌肉坏死病毒（IMNV）等病毒均呈阴性。最后，结合不同养殖发病地区的生产情况综合分析，他认为肝胰腺坏死症是环境胁迫对虾慢性中毒所导致的结果。其原因主要为：一是对虾放养数量超过了池塘环境的容纳量，引起水体环境富营养化严重，致病菌、有害蓝藻、恶劣的水质等各种病原叠加影响；二是传统养殖技术与生长快的南美白对虾养殖品种不配套。

中国水产科学研究院黄海水产研究所黄倢研究员认为，"偷死病"应该是多种病原引发的疫病。生产上之所以用"偷死病"这个病名，主要是有别于白斑病常见的对虾发病时在水面游动和在池边死亡的情况，应该称之为偷死综合征（Covert mortality syndrome，CMS）。偷死综合征具体应该包括黄头病、野田村病毒性偷死病、急性肝胰腺坏死病，部分在溶解氧条件好的情况下的白斑综合征。其中黄头病毒、偷死野田村病毒（Covert mortality noda virus，CMNV）、高致病性副溶血弧菌分别是导致黄头病、野田村病毒性偷死病和急性肝胰腺坏死病的病原。通过对患病对虾进行病毒检测，发现白斑综合征病毒、桃拉综合征病毒、传染性皮下及造血组织坏死病病毒、肝胰腺细小病毒、黄头病毒、偷死野田村病毒均呈阳性。至于养殖对虾仔虾和养殖前期的生长缓慢主要是受传染性皮下及造血组织坏死病病毒的影响，而养成期严重的生长缓慢或停滞则可能是感染对虾肝肠胞虫所致。

美国亚利桑那大学虾疾病专家 Ligntner 教授、广西对虾协会常务副会长庞德彬、海南大学赖秋明教授等人则认为，造成上述病症的主要原因是养殖对虾受到副溶血弧菌的感染。

虽然不同的专家对病源的观点存在一定的差别，但大多认为在养殖生产过程中通过以下几项多管齐下的技术手段，在一定程度上可预防上述病症的暴发。

① 调控和优化养殖池塘环境，保持良好的水质条件，构建和养护稳定的优良菌相及微藻藻相，抑制病原弧菌和蓝藻的大量生长。

② 严格控制放苗密度和饲料投喂量。

③ 采用虾鱼套养的方式控制疫病的水平传播。

④ 做好科学的消毒防控措施。

⑤ 养殖过程中合理饲喂营养免疫调控剂，增强对虾体质。

第四节　南美白对虾的应激反应与防治方法

在养殖过程中遇到天气或水环境骤然变化，往往容易致使对虾产生应激反应，如果当时虾体健康水平不佳、体质较弱，则可能会诱发病毒病、细菌病或其他应激性病害。本节就南美白对虾养殖过程中常见的一些应激性病害和防治方法进行介绍。

一、水体环境变化引发的对虾应激性病害

1. 对虾肌肉坏死病

由于水环境如水体温度或盐度突然大幅变化、溶解氧过低、氨氮和亚硝酸盐大幅升高，或因为虾苗放养密度过大，标粗对虾分疏养殖和分批收获等环节的不当操作等因素，均容易引发对虾肌肉坏死病。患病对虾肌肉变白呈不透明的白浊状，与周围正常组织间出现明显的界限，尤其以虾体腹部靠近尾端处的肌肉最为明显（彩图 53），严重时会扩大到整个腹部。如果刺激因素得以及时消除，病情可缓解，若肌肉发生白浊面积过大，可能造成对虾短期内死亡。

当前随着对虾放养密度的不断增加，这种病症的发生率也随之不断升高。据李卓佳等（2012）报道，在广东湛江对虾养殖主产区，一个养殖季中对虾发生该病的养殖面积就可占发病总面积的16％，对当地养殖生产的影响较大。

对于该病症的防治措施主要有如下几种。

① 避免养殖对虾放养密度过大。

② 在高温季节尽量保持高水位，适量换水，防止水温过高，避免水体温度、盐度大幅度变化。

③ 采取科学的养殖环境调控措施，保持良好水质，确保水体溶解氧充足。

④ 当小范围内发现对虾出现病症时，系统分析查找致病因素并及时处理，改善水体环境，促使患病对虾症状减轻，争取在短时间内恢复正常。

2. 对虾痉挛病

该病症主要发生在夏、秋季养殖水体温度较高的时期。患病对虾躯干痉挛性弯曲、背部拱起、肌肉僵硬、无弹跳力，情况严重的对虾在发生应激痉挛后不久死亡。通常在标粗幼虾搬池分疏养殖时容易发生此病害。分析其病因可能有如下几个方面：一是养殖对虾健康水平差，抗应激能力弱；二是肌体中钙、磷、镁及 B 族维生素等营养素不足，存在一定的营养缺陷，当外界环境条件刺激时机体的生理反应受到影响；三是水体透明度过高，阳光直射强烈，超过虾体可承受的生理刺激阈值；四是养殖水体环境中的钙、磷营养比例失调，限制了对虾对钙的吸收和利用等。

对于该病症的防治措施主要有如下几种。

① 提高养殖池塘水位，培养优良微藻藻相，将透明度控制在30～40 厘米，为养殖对虾提供稳定而优良的栖息环境，使之尽量少受惊动。

② 在对虾饲料中适量补充添加钙、磷及维生素 B 等微量元素。

③ 养殖过程中根据水质和天气情况适量施用过氧化钙等含钙的水质或底质调节剂，增加养殖水体的钙元素，调节钙、磷比例。

3. 应激性红体

一般在天气突变时，例如台风、强降雨、寒潮等恶劣天气下，往往会引起池塘水环境的剧烈变化，诱发养殖对虾发生应激性红体症状，虾体全身变红、体质变弱，甚至造成大面积对虾死亡，但无明显的生物性病原侵袭的病症。情况严重的如果未能及时处理，也可能会使养殖对虾继发性感染病毒病、细菌病等病害。

对于该病症的防控重点在于恶劣天气来临之前实施有效预防。具体防治措施主要有以上几种。

① 根据养殖池塘设施条件和管理技术水平，严格控制适宜的对虾放养密度。

② 养殖全程注重池塘水环境的调控与优化，定期使用芽孢杆菌降解转化养殖代谢产物，清洁水质和底质，同时不定期配合施用光合细菌、乳酸菌及其他环境调节剂，净化水质，保持良好生态。

③ 关注天气变化，在恶劣天气来临前强化水环境的管理，调节水体营养水平，保证池塘优良微藻藻相的稳定，同时增强光合细菌的使用强度，维护水体中的有益菌相，提高环境菌群的代谢活性。

④ 适量配合施用化学增氧剂和池塘底质环境调节剂，改良池塘底部环境。

⑤ 适量拌喂抗病中草药、免疫增强药剂，提高对虾抗应激能力。

⑥ 加高池塘水位，增加水体环境的缓冲能力。

⑦ 恶劣天气到来时增强池塘增氧机的开启强度，同时根据水质情况配合施用过氧化钙等化学增氧剂，提高溶解氧含量，还可起到一定的稳定水体 pH 和消毒的功效。

⑧ 恶劣天气过后参考上述措施及时强化水体环境的调控强度，整体情况相对稳定后再选择合适的时机进行水体消毒，然后再施加芽孢杆菌、乳酸菌，稳定水体生态系统。

⑨ 根据所遭遇寒潮的持续时间和强度，如果气候条件对养殖生产影响严重，确实再难以坚持长时间养殖的，应在做好相关应急管理的同时，及时掌握市场信息，适时收虾出售，保障养殖效益。

4. 缺氧或偷死

当池塘底质环境恶化时或水体溶解氧含量低于养殖对虾群体的耐受值 2.5 毫克/升时，即容易发生对虾浮游于水面或在池边四周游动的现象。在人为干扰下对虾易产生强烈的应激反应，严重时发生对虾大量死亡沉于池底。该病症多见于养殖中后期的凌晨时分或连续阴雨天气的时候。当发现较多对虾在水面游动时，应捞取对虾进行观察检测，同时监测各项水质指标，尤其是养殖水体、池底及池塘排水口处的溶解氧含量，若未发现虾体出现其他病症，溶解氧又偏低，即可确诊。

一般造成对虾缺氧的主要原因包括以下几点：一是放养密度过大，在养殖中后期对虾群体的生物量过大，水体溶解氧的消耗量大于生成量，导致对虾缺氧；二是水环境中的有机物含量过多，消耗了大量的溶解氧进行氧化还原反应，导致水体中溶解氧含量大幅降低，水质和底质环境恶化；三是水体中的浮游生物数量过多，呼吸耗氧量过大，严重影响了对养殖对虾的溶解氧供给。

对于该病症的防治措施主要有以下几种。

① 开展养殖前应对池塘进行彻底的清整，对于已经养殖多年的池塘应在清除池底淤泥后多次翻耕暴晒，以利于沉积的有机物得到充分的氧化分解。

② 根据池塘设施条件和管理水平等具体实际情况，严格控制虾苗放养密度。

③ 实施科学的投喂策略，宁少勿多，以免残余饲料积聚，败坏水体环境。

④ 切实做好养殖环境调控措施，科学使用有益菌制剂和其他水体环境调节剂，促进养殖代谢产物及时分解转化，保持良好水体环境。

⑤ 定期监测养殖水体水质指标，根据对虾不同生长阶段、天气情况等采用合理的增氧策略，确保养殖全程水体溶解氧含量日均大于 3 毫克/升以上。

⑥ 做好日常管理措施，及时发现问题并加以解决。

5. 对虾蜕壳综合征 （软壳病）

患病对虾主要症状为虾体甲壳柔软，有时会发现甲壳溃烂的病灶，机体颜色变红或灰暗，鳃丝发红或发白，活力差，生长缓慢。该病症多见于低盐度淡化养殖池塘。造成该病症的主要原因有：养殖水体受到化学药物或不明因素的污染；水体盐度等指标骤变或水体环境大幅变化；水体中的钙、磷元素含量相对缺乏或钙、磷比例不平衡。

对于该病症的防治措施主要有以下几种。

① 保持良好水质，避免养殖水体盐度在短时间内大幅度变化。

② 注意养殖水源的管理，防止水体受环境激素、化学因素或其他不明因素的污染。

③ 发病初期可施用含钙物质调节水体钙含量，如每亩池塘可按 1 米水深全池泼洒施用熟石灰 8～15 千克。

④ 选择营养全面的饲料进行科学投喂，同时不定期拌料投喂维生素、益生菌等营养强化剂，每天 2 次，连续使用 5～7 天。

二、异常天气条件下的病害防控措施

1. 持续阴雨天气

近年来，在我国南方对虾养殖主产区每年的 4、5 月份及台风过后都容易出现持续阴雨的天气，此时也是养殖南美白对虾易于发生病害的高危期。天气变化对养殖对虾病害的影响主要还是通过水体环境因子的变化，诱发对虾产生应激反应，体质较弱的个体容易受到直接影响或继发因素的影响发生病害。具体的情况有以下几个方面。

① 养殖水体盐度大幅度变化造成对虾产生严重的应激反应。

② 光照弱，微藻光合作用受影响，造成水体光合作用增氧效率大幅降低，同时也使原本通过该途径转化利用的小分子有机物和氨氮等因子积聚，物质循环路径受阻，水体环境趋于恶化。

③ 水体 pH 值大幅降低，打破了养殖水体环境原本的生态系统功能平衡，诱发对虾产生应激。

④ 由于盐度和温度的影响，水体形成分层，在未实施有效干预、打破水体分层的情况下，下层水体的水质趋于恶化，诱发对虾产生应激。

可从以下三个层面采取防控措施控制对虾病害的发生。

（1）前期预防

① 稳定水体优良微藻藻相，保持适宜的微藻细胞密度，提高微藻生态系统的环境缓冲能力，维护良好的水体环境。

② 合理使用芽孢杆菌、光合细菌、乳酸菌等有益菌制剂，稳定水体优良菌相，提高菌群代谢活性，净化水质。

③ 提高池塘水位，提升水体环境的缓冲能力。

④ 在饲料中拌喂维生素、免疫增强剂或有益菌制剂，增强对虾体质，提升机体的抗应激机能。

⑤ 做好养殖设施管理工作，确保增氧机、排水系统和供电系统处于正常状态。

⑥ 备用一定量的化学增氧剂和水体环境调节剂，以备出现突发情况时应急使用。

（2）过程干预

① 提高增氧剂的开启强度，一方面增强水体的增氧力度，同时还可起到打破水体分层的效果。

② 合理使用光合细菌制剂，提高水体菌群的代谢活性，净化水质。

③ 根据水质情况，适量施用石灰或腐殖酸稳定水体 pH。

④ 监测水体溶解氧变化情况，在出现水体缺氧的初期或夜晚时分适量施用颗粒型化学增氧剂，提高水体尤其是中下层水体的溶解氧含量。

⑤ 严格控制饲料投喂量，少投或不投。

（3）后期处理

① 根据水体和对虾情况，适量使用低毒高效消毒剂，控制潜在病原生物的大量生长与繁殖。

② 如果水体出现"倒藻"现象，先施用沸石粉和增氧剂或增氧型底质改良剂，再使用芽孢杆菌制剂和无机营养素或氨基酸营养素，重新培育优良微藻藻相。

③ 在对虾养殖中后期，阴雨天气过后往往容易发生微藻藻相演替，形成以有害蓝藻为优势的藻相结构，此时可联合施用芽孢杆菌制剂和光合细菌制剂，净化水质，稳定优良微藻藻相，避免有害蓝藻的大量生长与繁殖，同时还可间接起到稳定水体 pH 值的作用。

④ 根据水体水质和对虾健康情况，严格控制饲料投喂量，同时拌喂维生素、中草药、免疫增强剂或有益菌制剂，增强对虾体

质，提升机体的抗病能力。

2. 持续低压天气

在我国南方地区春、夏季容易出现连续多天的多云、闷热、无风的低压天气，尤其在台风来临之前这种天气情况最为明显。此时，光照强度不足，致使水体光合作用增氧效率不高，加之低气压影响下机械增氧的效率也有所降低，容易造成水体溶解氧含量较低的情况，同时该天气条件下水体温度往往不断升高，容易造成水体环境中的有机物在厌氧条件下降解转化形成并积累硫化氢、氨氮、亚硝酸盐等有毒、有害物质，环境中的致病弧菌数量也随之大幅升高，直接或间接诱发养殖对虾发生严重病害。

针对上述情况的主要防治措施包括以下几种。

① 重点保证水体及池塘底部环境的溶解氧含量，提高增氧机的开启强度，密切监控水体溶解氧水平，在发现水体缺氧和凌晨时配合施用化学增氧剂，及时提高水体环境的溶解氧含量。

② 适量施用沸石粉、白云石粉等沉淀剂去除水中悬浮颗粒物，澄清水质，然后排出部分底层水，适量添加部分经沉淀和消毒处理的新鲜水源，维持水质的稳定。

③ 科学施用有益菌制剂调节水体环境，减少好氧型微生物制剂（芽孢杆菌）的施用，适量施用乳酸菌和光合细菌等有益菌制剂，既可提高水体中的菌群代谢活性，促进养殖代谢产物的降解转化、净化水质，又可维持稳定优良的菌相，抑制有害菌的生长与繁殖。

④ 合理施用具有增氧或消毒功效的底质环境改良剂，促进池塘底部沉积物的氧化分解，抑制弧菌等潜在致病菌的大量生长与繁殖，为对虾的健康生长营造良好的栖息环境。

⑤ 严格控制饲料投喂，根据天气和对虾健康状况适量减少饲料的投喂数量，避免给水体环境增加负荷。

3. 持续高温

通常高温季节正是养殖对虾生长的高峰期，饲料的投喂量较大，水体中养殖代谢产物不断增多、透明度大幅降低，水色较浓，水体及池底的富营养化程度持续升高。此时，池塘环境中的养殖对虾群体、浮游微藻、细菌等生物量不断增多，整个养殖环境的生态负荷处于高压状态，容易发生水体缺氧、有害蓝藻和致病菌大量繁殖、水体环境恶化或骤变等诱发养殖对虾病害的各种潜在因素。所以，做好病害防控的重点在于切实贯彻科学的养殖管理，调控和维护稳定而良好的水体环境，提高对虾体质，全面提升虾体抗病能力。

针对上述情况的主要防治措施包括以下几种。

① 加强增氧及适量换水，提高增氧机开启强度，配合施用增氧剂，确保水体溶解氧的供给，根据水源质量和池塘水体状况，适量引入经沉淀消毒的新鲜水源，维持稳定的水体环境，避免养殖对虾产生应激反应。

② 加高水位控制水温，根据池塘情况将水位加高至 1.8～2.0 米，或适量引入经处理的地下水调节水体温度，同时加大增氧机开启强度，避免水体形成分层。

③ 科学采用养殖环境微生物调控技术和理化调控技术，改善池塘水质和底质，促进养殖代谢产物的及时降解转化，降低水体富营养化水平，保持优良的养殖水体生态环境。

④ 切实贯彻科学的养殖管理，建立各种应急处理预案，及时发现和解决问题。

⑤ 根据生产实际情况，适度降低对虾养殖密度，可采取轮捕疏养、捕大留小、适时收获的措施，收获部分达到上市规格的成虾，以达到保持合理养殖密度、降低养殖风险、提升养殖效益的目的。

第五节　南美白对虾的营养免疫调控技术

在养殖过程中可通过拌料投喂一些有益菌、维生素、中草药、多糖、多肽等物质，调控养殖对虾的营养免疫机能，增强体质，提高机体抗病能力，这一类物质即可称为营养免疫调控剂。水产养殖中常见的营养免疫调控剂种类和主要功能如下。

（1）有益菌制剂　主要如芽孢杆菌、乳酸菌、酵母菌等有益菌制剂，用于增强南美白对虾的消化机能，提高对营养物质的吸收利用效率，提升机体非特异性免疫因子的活性，抑制有害菌的生长繁殖，实现对病原的综合抗感染能力。

（2）中草药制剂　主要如黄芪、板蓝根、金银花等单种及多种复方中草药制剂，可用于抑制或破坏病毒、病菌的增殖能力，提高血清酚氧化酶、过氧化物酶、超氧化物歧化酶等对虾血清中的非特异性免疫因子活性。

（3）维生素类　主要如维生素 C 和维生素 E 等，可用于增强对虾体质，提高机体中的溶菌酶和酚氧化酶等非特异性免疫因子活性，同时对提高吞噬细胞的活性有一定的促进作用。

（4）多糖类　主要如海藻多糖、葡聚糖、脂多糖和肽聚糖等，可用于增强对虾凝血活性，提高血清中的超氧化物歧化酶、溶菌酶、碱性磷酸酶、酸性磷酸酶等非特异性免疫因子活性。

（5）微量元素　主要如铁、硒、铜、锌等，可用于提高对虾机体中的酚氧化酶和超氧化歧化酶等免疫因子活性。

（6）昆虫免疫蛋白　主要是从昆虫体内提取的多肽类物质，富含丰富的微量元素、多种活性物质，具有较强的诱食性、利于补充饲料中缺乏的营养成分、增强养殖对虾的体质，提高综合抗病能力。

本节将就有益菌制剂、中草药制剂等几种营养免疫调控剂在南美白对虾养殖中的应用进行介绍。

一、有益菌制剂

常用的饲喂型有益菌主要有芽孢杆菌、乳酸菌。由于芽孢杆菌可耐受饲料加工过程中的高压、高温等条件，因此，可作为添加剂直接加入饲料原料中进行加工制粒；乳酸菌、酵母菌则主要通过口服拌料投喂的方式使用。有益菌进入养殖对虾机体后可调节和改良机体消化道内的微生态结构，起到加强和提高对虾生理机能，提高健康水平的作用。一方面，有益菌通过促进对虾消化机能，提高饲料等营养物质的吸收利用效率，增强体质；另一方面，还可与肠道内有害菌竞争生态位，抑制有害菌的生长与繁殖，起到改良体内微生态结构，维护微生态平衡的功效；此外，有益菌与益生菌协同剂能产生协同作用，相互增强其益生功效。

不同种类的有益菌由于其生理生态特性存在较大差异，因此，在使用方式上也具有一定的区别。例如芽孢杆菌可产生芽孢，能耐受对虾饲料加工、制粒过程中的高温条件，所以可作为饲料添加剂直接加入到对虾饲料中，生产出含有芽孢杆菌的配合饲料。乳酸菌、光合细菌等则无法通过上述方式进行应用，而是在养殖过程中于饲料投喂前几个小时，将适量的菌剂与饲料进行均匀搅拌，阴干，然后进行投喂。芽孢杆菌也可经拌料投喂方式进行使用。

1. 芽孢杆菌对提高南美白对虾生长性能和抗病力的影响

据 Lin（2004）、丁贤（2004）和郭志勋（2004）等研究指出，在饲料中添加芽孢杆菌，可促进养殖南美白对虾的健康生长，有利于提高对虾的消化和免疫机能，提升机体消化酶和非特异性免疫因子的活性。

按每立方米水体放养幼虾 70 尾的密度，养殖 56 天，每天分 3 次投料（08：00，17：00 和 22：00），日投喂量为虾体重的 5%～8%，并根据摄食情况调节投喂量。每天换水 1/3。养殖全程不进行水体消毒，不投喂任何药物。结果表明，在每千克饲料中添加 1.0～1.5 克的芽孢杆菌可提高南美白对虾的生长速度和饲料利用效率，降低饲料系数（表 5-1）。

表 5-1　芽孢杆菌对南美白对虾生长、成活率、饲料系数和蛋白质效率的影响

添加比例/%	0	0.05	0.10	0.15	0.20	0.25	0.30
开始体重/（克/尾）	0.03	0.03	0.03	0.03	0.03	0.03	0.03
结束体重/（克/尾）	1.75	1.79	1.89	1.88	1.78	1.67	1.76
增重率/%	5725	5857	6190	6159	5834	5478	5771
成活率/%	94.44	97.22	95.56	97.22	95.00	96.67	94.44
饲料系数	1.44	1.34	1.30	1.30	1.45	1.45	1.44
蛋白质效率	1.59	1.73	1.80	1.79	1.65	1.61	1.65

注：芽孢杆菌的添加比例按以对虾饲料的质量百分比计算。

在饲料中添加芽孢杆菌还可改良对虾肠道的菌群结构，形成以芽孢杆菌为优势的菌相，抑制弧菌的生长，从而有利于防控以弧菌诱发的养殖对虾病害的发生（表 5-2）。

表 5-2 芽孢杆菌对南美白对虾肠道菌群结构的影响

添加比例/%	总异养细菌数量 /(个/克)	弧菌数量 /(个/克)	优势菌	优势菌比例/%
0	$2.4×10^{10}$	$3.9×10^6$	双氮养弧菌 枯草芽孢杆菌	23.3 20.0
0	$2.5×10^7$	$3.4×10^4$	多沙巴斯德菌 蜡样芽孢杆菌	48.0 31.5
0.5	$4.0×10^8$	$2.2×10^5$	蜡样芽孢杆菌	59.8
1.0	$1.2×10^7$	$3.8×10^4$	蜡样芽孢杆菌	46.2
3.0	$9.5×10^9$	$5.3×10^5$	蜡样芽孢杆菌	62.9
5.0	$6.0×10^7$	$2.8×10^5$	蜡样芽孢杆菌	56.6

注：芽孢杆菌的添加比例按以对虾饲料的质量百分比计算。

同时，在不同养殖时期芽孢杆菌对南美白对虾的酚氧化酶活性也具有一定的促进作用，提高了机体的非特异性免疫机能和抗病能力，有利于促进对虾的健康生长。

2. 芽孢杆菌在对虾集约化养殖中的应用

应用添加芽孢杆菌的饲料养殖南美白对虾，可有效促进对虾的健康生长，降低饲料系数，减少养殖生产中在饲料、换水耗电及内服药物方面的成本，提高养殖效益（表 5-3）。文国樑等（2006）报道，以市售某品牌南美白对虾饲料为基础，按 0、0.3%、0.5% 的质量百分比加入芽孢杆菌粉剂进行制粒，以未添加芽孢杆菌的基础配合饲料为对照组，于南美白对虾铺膜高位池养殖进行应用。整个养殖周期为 115 天，每个池塘面积平均为 0.17 公顷，水深保持 1.8 米，每公顷的虾苗放养数量平均为 0.80 万尾，养殖全程实施半封闭式管理。结果显示，芽孢杆菌添加组的饲料系数要明显低于未添加组，其中 0.3% 添加组和 0.5% 添加组的饲料系数较未添加组分别降低了 9.38% 和 12.50%；而养殖对虾产量比未添加组分别增产了 35.18% 和 42.34%。由于养殖过程中遭遇强降雨、台风等恶劣天气的影响，各组的对虾成活率都不高，但芽孢杆菌添加组的成活率仍好于未添加组。

表 5-3 饲料中添加芽孢杆菌对养殖对虾产量的影响

添加比例/%	0	0.3	0.5
放苗量/(万尾/公顷)	161.96±16.91	201.09±75.32	186.97±52.28
饲料系数	1.60±0.03	1.45±0.04	1.40±0.04
养殖产量/(吨/公顷)	7.64±0.93	10.32±1.36	10.87±6.64
成活率/%	31.73±5.15	36.67±5.45	39.35±1.31

从不同组的对虾生长性能看，0.3%添加组对虾的体长增长率、体重增长率和肥满度增长率等指标分别比未添加组提高了29.07%、566.06%和156.19%，0.5%添加组则分别提高了21.06%、523.19%、159.50%。可见，在配合饲料中添加芽孢杆菌有利于提高集约化养殖南美白对虾的生长性能，起到良好的促生长作用（表5-4）。

表 5-4 饲料中添加芽孢杆菌对养殖对虾生长性能的影响

添加比例/%	0	0.3	0.5
体长增长率/%	143.74±7.21	172.81±8.68	165.40±4.09
体重增长率/%	1061.25±199.17	1627.32±319.25	1584.19±56.50
肥满度增长率/%	375.44±67.65	531.62±96.96	543.93±30.95

从生产效益来看，饲料中添加芽孢杆菌也可起到良好的效果。由于养殖期间芽孢杆菌添加组的水质情况明显好于未添加组，因此换水量也远少于后者，0.3%添加组和0.5%添加组的换水耗电量分别降低了38.10%和52.76%，同时也明显降低了养殖过程的水质调控剂成本和内服药物成本，0.3%添加组和0.5%添加组的水质调控剂费用分别节省了16.33%、50.22%，内服中草药制剂的费用分别降低了45.49%和42.28%（表5-5）。

表 5-5 饲料中添加芽孢杆菌对养殖对虾主要成本支出的影响

添加比例/%	0	0.3	0.5
换水耗电量/(10^3 千瓦时/公顷)	6.94±0.01	4.29±0.47	3.28±0.28
水质调控剂成本/元	695.00±196.58	581.50±3.54	346.00±110.31
内服药物成本/元	249.50±9.19	136.00±110.31	144.00±19.80

因此，在对虾饲料中按 0.3％～0.5％的用量加入芽孢杆菌，实施全程投喂，有利于提高南美白对虾集约化养殖的产量，提升对虾健康水平，降低饲料系数，减少养殖生产中的饲料、用药和换水等方面的成本开支，全面提升养殖综合效益，达到经济效益和生态效益双丰收。

二、中草药制剂对对虾的营养免疫调控

养殖实践表明，在南美白对虾的养殖过程中合理使用中草药制剂有利于提高对虾消化酶活性、非特异性免疫因子活性及抗病能力等各项指标，并且具有副作用小、无耐药性、无质量安全隐患等优点。中草药的使用效果与其添加量和投喂策略密切相关，大剂量和长时间的使用并不利于对虾抗病力的提高，反而容易造成"免疫疲劳"。因此，在养殖水质好、病原感染概率小的条件下，过度使用可能导致机体用于生长的能量被消耗，不利于对虾的健康生长。

1. 中草药制剂对提高养殖对虾抗病力和消化机能的影响

（1）番石榴叶水提取物对白斑综合征病毒（WSSV）致病性的影响　郭志勋等（2011）研究指出，将番石榴叶水提取物对白斑综合征病毒进行处理，对白斑综合征病毒有显著的灭活作用，消毒效果与药物和病毒的相对浓度相关。按番石榴叶水提取物与白斑综合征病毒粗提液质量体积比为 1∶9 的比例处理白斑综合征病毒粗提液，然后感染养殖对虾。结果表明，养殖 13 天后，未经番石榴叶处理的白斑综合征病毒感染对虾大量死亡，经番石榴叶处理的白斑综合征病毒感染对虾和阴性对照的对虾存活量远好于未处理组。浓度为 1 毫克/毫升的番石榴叶水提取物可以使白斑综合征病毒失去感染活性，就处理时间而言，6 小时以内对白斑综合征病毒的感染活性没有影响，病毒仍可使养殖对虾死亡，当处理时间大于 12 小时，则可令白斑综合征病毒失活，病毒对感染对虾不具有致死作用。

（2）饲喂复方中草药对养殖对虾消化和免疫机能的影响　据文国樑（2012）、黄忠（2013）、林黑着（2011）和丁贤（2007）等报道，通过在饲料中添加复方中草药可有效提高养殖南美白对虾的消化和免疫机能，提升机体健康水平。

① 饲喂复方中草药对养殖对虾消化酶活性的影响　使用以黄芪、板蓝根等为主要成分的中草药饲料添加剂，分别以质量百分比0、0.1%、0.2%、0.4%的比例加入饲料中，制备中草药饲料。每天投喂3次（8:00、16:00、21:00），饱食投喂，投喂量为虾体重的6%～8%，根据天气和虾的摄食情况适当调节投喂量，监测周期为21天。养殖水温28～31℃，水体pH值为7.3～8.7。结果显示，饲喂中草药饲料初期对南美白对虾的肝蛋白酶、肝淀粉酶、肠蛋白酶和肠淀粉酶均有促进作用，而且随着添加量的增加，促进作用增强，其中0.4%组投喂1～3周均具显著促进作用，但是随着投喂时间的变化，呈现一定的阶段性波动趋势。总体而言，在养殖过程中饲喂复方中草药，可促进养殖南美白对虾的消化酶活性，提高机体消化机能，促进营养的吸收利用。

② 饲喂复方中草药对养殖对虾免疫酶活性的影响　将复方中草药饲料添加剂分别以质量百分比0、0.05%、0.1%，0.2%、0.4%、0.8%的比例加入饲料中，制备中草药饲料。每天投喂3次（8:00、17:00、22:00），饱食投喂，投喂量为虾体重的6%～8%，根据天气和虾的摄食情况适当调节投喂量。养殖水温24.0～26.5℃，盐度30～32，溶解氧含量6.5～7.2毫克/升，氨氮含量0.3～0.5毫克/升，养殖全程不进行水体消毒，不使用任何药物。养殖周期为60天，检测指标包括对虾成活率及虾体血清中的超氧化物歧化酶（SOD）、酚氧化酶（PO）、抗菌酶及活性氧等多种对虾非特异性免疫因子活性。结果显示，在饲料中添加中草药虽然对SOD、活性氧以及抗菌活力影响不明显，但可以提高对虾的酚氧化酶活力。而酚氧化酶是甲壳动物的酚氧化酶原激活系统的产物，在识别异物、释放调理素促进血细胞的吞噬和包囊以及产生杀灭和排除异物的凝集素和溶菌酶等免疫功能方面发挥着重要的作用，与机体的免疫功能也有直接的关系。酚氧化酶活力的提高有利于增强对虾的抗病能力，与对虾成活率具有一定的相关性。

但在不同的养殖条件下，由于中草药本身或其他因素的影响，其作用效果可能存在一定差异。中草药的剂量、不同药物间的相互关系、不同的动物以及动物的健康和营养状态、年龄和养殖环境条件也可能引起相关效果的变化。所以，在养殖生产应用时应根据具体的情况，进行科学使用才能取得良好的效果。

2. 中草药与芽孢杆菌协同作用对养殖对虾的影响

中草药中的多糖、苷类能分别或同时激活或抑制 T 淋巴细胞、巨噬细胞、白细胞介素等细胞因子以及抗体水平，增强单核吞噬细胞系统活性从而提高或调节其免疫功能，但它们只有通过代谢转化后才能发挥其有效作用。例如，甘草含有多种有效成分，其中的甘草甜素被服用后并不能被直接吸收利用，而是在肠道菌的作用下，切去其含糖部分形成糖原后才被机体吸收至血液而发挥效用；中草药与益生菌制剂在防病促生长等方面是相辅相成的。研究表明，扶正固本类的中草药（如黄芪、党参等）除可增强机体免疫功能外，还可促进双歧杆菌、乳酸菌的生长；同时双歧杆菌、乳酸菌等能增强机体免疫力、与扶正固本类中草药协同发挥作用（表 5-6）。

表 5-6　中草药与微生物制剂协同对南美白对虾生长和存活的影响

组别	成活率/%	增重率/%	饲料系数	特定生长率/%	蛋白质积存率/%
对照组	95.83	116.89	4.12	1.17	10.49
中草药组	97.92	136.17	3.96	1.26	10.92
中草药-芽孢杆菌1组	96.67	137.08	3.88	1.28	11.08
中草药-芽孢杆菌2组	98.33	161.65	3.57	1.40	12.27
芽孢杆菌组	97.50	127.89	3.98	1.21	10.97

注：对照组为未添加任何饲料添加剂的对虾基础饲料；中草药组为在饲料中添加 0.2% 中草药制剂；芽孢杆菌组为在饲料中添加 0.30% 芽孢杆菌制剂；中草药-芽孢杆菌 1 组为在饲料中添加 0.20% 中草药制剂和 0.30% 芽孢杆菌制剂；中草药-芽孢杆菌 2 组为在饲料中添加 0.10% 中草药制剂和 0.15% 芽孢杆菌制剂。

据 Yu 等（2008、2009）报道，按不同的质量百分比比例在对虾饲料中分别添加中草药、芽孢杆菌、中草药-芽孢杆菌，于流水系统中饲喂南美白对虾，监测周期 2 个月。结果显示，在饲料中添加中草药、芽孢杆菌具有良好的促生长效果，有利于提高对虾的成活率、生长率、增重率和蛋白质积存率，降低饲料系数。其中以在饲料中添加 0.10% 中草药制剂和 0.15% 芽孢杆菌制剂效果最佳。

文国樑等（2009）分析不同比例的中草药制剂和芽孢杆菌协同使用对养殖对虾非特异性免疫机能的影响，通过检测对虾机体血清中的酚氧化酶（PO）、超氧化物歧化酶（SOD）、总抗氧化活性、血细胞数、溶菌酶等各项指标。结果显示，在饲料中添加 0.1%～0.2%的中草药制剂和 0.1%～0.3%的芽孢杆菌均有利于提高南美白对虾机体的 SOD、总抗氧化活性、溶菌酶等各项指标的活性，但对 PO、血细胞数两个指标，不同添加比例组之间存在一定的差异，以在饲料中添加 0.2%的中草药和 0.3%的芽孢杆菌效果最佳。综合各项指标的总体表现，在南美白对虾养殖生产过程中按质量百分比的比例将 0.2%的中草药和 0.3%的芽孢杆菌添加到饲料中进行投喂，有利于全面提高对虾的非特异性免疫机能，增强体质，提高对虾自身抵抗病害的能力（表 5-7）。

表 5-7　中草药与微生物制剂协同使用对南美白对
虾非特异性免疫指标的影响

组别	酚氧化酶/毫升	超氧化物歧化酶/毫升	总抗氧化活性/毫升	血细胞数/（10^5 个/毫升）	溶菌酶/毫升
对照组	30.06±1.05	0.24±0.08	7.41±0.80	98.75±2.50	1.74±0.19
中草药-芽孢杆菌 11	17.43±1.58	0.46±0.03	8.59±0.74	99.17±3.25	2.08±0.11
中草药-芽孢杆菌 12	29.21±3.70	0.39±0.18	7.80±0.57	112.08±4.41	1.90±019
中草药-芽孢杆菌 13	18.06±1.27	0.39±0.04	7.62±0.15	113.75±5.91	2.69±0.05
中草药-芽孢杆菌 21	27.22±2.99	0.29±0.08	9.31±0.86	98.33±2.92	2.63±0.14
中草药-芽孢杆菌 22	30.45±4.27	0.43±0.16	7.52±0.37	97.50±1.91	2.56±0.44
中草药-芽孢杆菌 23	35.47±3.06	0.43±0.07	10.83±0.37	111.67±5.61	2.43±0.06

注：对照组为未添加任何饲料添加剂的对虾基础饲料；中草药-芽孢菌 11、中草药-芽孢菌 12、中草药-芽孢菌 13 三个组为在饲料中按质量百分比的比例添加 0.1%中草药外，再分别以 0.1%、0.2%、0.3%的比例分别添加芽孢杆菌；中草药-芽孢菌 21、中草药-芽孢菌 22、中草药-芽孢菌 23 三个组为在饲料中添加 0.2%中草药外，再分别以 0.1%、0.2%、0.3%的比例分别添加芽孢杆菌。

3. 巧用复方中草药和有益菌优化环境综合防控养殖对虾病害技术

（1）技术背景

① 养殖水环境恶化、管理技术水平相对落后以及对虾苗种存在一定的缺陷，均有可能导致养殖对虾的病害频发。

② 有益微生物具有优化池塘环境、改善机体代谢功能、提升

养殖动物生长性能和健康水平等功效。它可有效降解池塘环境中的有机营养物，促进水中浮游生物的稳定繁殖，并在一定程度上可有效去除环境中有毒、有害物质，为养殖动物提供良好的生态环境。再者，它还可通过营养、附着位点竞争调节机体内环境中菌群组成，抑制有害菌的滋生，维护体内微生态环境的平衡，提高机体免疫机能，增强抗病能力。

③ 中草药是环保型绿色添加剂，可促进养殖对虾的健康生长。它含丰富的多糖、生物碱、酮类、萜类、内酯、皂苷、有机酸等物质，具有增强吞噬细胞功能或增强器官组织抗菌功能、促进或诱导产生干扰素、抗微生物毒素、抗炎作用以及增强血清杀菌素作用和提高溶菌酶活力，可提高水产动物的免疫力和抗病力。

（2）针对问题 将养殖生态环境优化技术与对虾机体内环境调控技术进行有效结合，集成提高对虾免疫力和抗病力中草药研发和应用技术、养殖水环境微生物调控剂优化与规模化应用技术、养殖对虾病毒病控制技术，通过与对虾养殖生产流程中的各技术环节进行无缝对接，以实现养殖对虾病害的有效防控。

（3）技术要点

① 以有益菌优化环境防控病害的健康养虾技术

a. 放苗前施用芽孢杆菌制剂，用量为按 1 米水深每亩池塘施用 1 千克芽孢杆菌，从而培养优良的微藻和浮游动物，形成适宜对虾生产的优良水环境。

b. 养殖过程中每隔 10 天定期施用芽孢杆菌，一般选择在天气晴好的条件下施用，用量为按 1 米水深每亩池塘施用 0.5 千克芽孢杆菌。用以平衡微藻藻相，促进物质循环利用。

c. 当养殖水体的水质老化或亚硝酸盐和 pH 偏高时，可通过使用乳酸菌进行调控，其用量为按 1 米水深每亩池塘使用 1～2 千克乳酸菌制剂。若池塘水体中水色较浓时，可适当加大用量。

d. 在阴雨天气时，或者池塘中水色过浓、氨氮偏高，可配合施用光合细菌制剂，用量为按 1 米水深每亩池塘施用 2～3 千克光合细菌制剂。

e. 养殖过程中定期施用芽孢杆菌，并配合间隔施用乳酸菌或光合细菌制剂，使不同种类有益菌形成生态协同效应，促进水体环境的稳定与优化。

② 巧用复方中草药防控病害的健康养虾技术

A. 复方中草药制剂提高对虾免疫功能和促进生长的使用方法

a. 选择地丁草、板蓝根、北芪、大青叶、藿香等十多种天然植物，以一定比例搭配，制备形成复方中草药制剂。

b. 按投喂饲料质量的百分含量 0.2%将复合中草药制剂添加到饲料中，在对虾养殖过程中连续投喂，可提高养殖对虾免疫功能并促进生长。

c. 上述方法中，中草药复合制剂可添加在饲料中一起造粒，也可拌料投喂，考虑到制剂的溶失，中草药的用量应适当调整，加倍添加。

B. 复方中草药制剂防控对虾白斑综合征的技术

a. 在对虾白斑综合征的发病高危季节前 20～30 天，将复合中草药制剂按质量百分含量 0.1%～0.15%加入到对虾饲料中，连续投喂 30～40 天。

b. 在对虾白斑综合征发病初期将复合中草药制剂按质量百分含量 0.15%～0.2%加入到对虾饲料中，进行连续投喂 30～40 天，可在一定程度上提高养殖对虾对白斑综合征的抵抗力。

c. 上述方法中，中草药复合制剂可添加在饲料中一起造粒，也可拌料投喂，考虑到制剂的溶失，中草药的用量应适当调整，加倍添加。

③ 注意事项

a. 在施用有益菌制剂后，正常情况下 7 天内不换水；有益菌不宜与抗菌、消毒、杀虫等药品同时使用。

b. 在使用液体型有益菌制剂前应摇匀后再施用，粉末状有益菌制剂可用池塘水混匀后再全池泼洒。

c. 选择有益菌制剂时应挑选正规厂家生产的优质产品，避免因使用劣质微生态制剂导致效果不佳或形成养殖水环境进一步恶化。

d. 在巧用复方中草药制剂提高对虾抗病力防控白斑综合征的同时配合施用有益菌制剂，以提高病害防控效果。

e. 养殖过程中应用池塘水环境调控技术，将养殖生态优化和中草药技术防控病害有机结合，对养殖对虾病害防控效果更佳。

第六节　科学用药

一、科学诊断与选药

　　首先，正确诊断病因是对症下药和科学防治养殖病害的前提，只有针对病原进行处理，切断病原传染途径，改善水体环境，创造良好的栖息环境，多管齐下才能取得良好的效果。通常在养殖生产中用于诊断的器具包括：解剖剪、镊子、放大镜、简易型水质监测试剂盒，有条件的可配置显微镜、解剖镜、水质分析仪、微生物培养与鉴定仪器、病毒检测仪等。其次，科学选用渔药是有效防治病害的保证，药物既要对病原有较强的针对性，还应具备低毒、无害、少残留、低成本等特点。

　　通过正确诊断、科学用药、综合防治，一方面有效杀灭病原生物，清洁水体环境，严格控制病原侵入养殖系统，从外因层面严防死守把好病原关，为病害防治提供良好的环境；另一方面调节虾体新陈代谢和非特异性免疫因子活性，综合提升对虾自身的健康水平和抗病能力，从内因层面降低病原感染的风险。

二、科学用药

　　根据病因、症状、病程等具体情况，采用合理的给药方式。一般包括泼洒、浸浴、拌料口服等几种方式。同时，在用药过程中最好采取轮换用药、复配用药的方式提高药效，还可在一定程度上减少病原生物的耐药效应。

　　（1）泼洒　将配制好的药液全池均匀泼洒，主要用于杀灭池塘环境或对虾体表的病原生物。其缺点是用药量大，需要准确计算用药浓度，若稍有不慎就有可能对水体环境产生较大的负面影响。所以应谨慎使用，严格控制用药浓度，根据具体情况采取逐步提高给药浓度的方式，避免过度用药。

　　（2）浸浴　多用于运输前后及幼虾转池分疏养殖时的消毒防病。优点是用药量少，风险低，不会对水体环境造成负面影响。操作时通常将幼虾集中在盛有药物的容器中，进行短时间药浴，主要用以杀灭体表的病原生物。

（3）拌料口服　多用于免疫增强剂、饲喂型有益菌制剂、口服微量元素等制剂的给药，使用时将药剂用少量水溶解化开，也可适量添加如海藻酸钠等无毒黏合剂，与对虾饲料一起搅拌均匀，阴干后投喂。药剂即可随对虾摄食饲料进入机体内。对于一些可耐受对虾饲料高压、高温加工过程而不丧失药效的药剂，也可选择与饲料原料一起，通过饲料加工制粒加入成品饲料中，从而降低药剂使用时的溶失率。这种给药方式不适用于患病对虾病情严重、已停止摄食或少量摄食的情况。

三、对虾养殖常用药

1. 消毒剂

（1）漂白粉

【用途】池塘消毒时用于杀灭病原微生物和敌害生物，养殖过程中用于防治细菌、真菌引起的疾病。

【用法与用量】全池遍洒。用于池塘消毒时按 1 米水深每亩水体使用量为 10～40 千克；养殖过程中用量为 0.5～1.5 千克。

【休药期】500 度日。

（2）三氯异氰尿酸

【用途】用于养殖水体消毒，防治细菌、真菌和病毒引起的疾病。

【用法与用量】全池泼洒。预防时按 1 米水深每亩水体使用量为 100～150 克，每天 1 次，连用 3 天，2 周后重复用一次；治疗时用量为 200～250 克，每天 1 次，连用 3 天。

【休药期】500 度日。

（3）溴氯海因

【用途】用于养殖水体消毒，防治细菌、真菌和病毒引起的疾病。

【用法与用量】用水溶解稀释后全池泼洒，含量为 8% 的溴氯海因粉剂按 1 米水深每亩水体使用量为 150～350 克。

【休药期】500 度日。

（4）络合碘

【用途】用于养殖水体消毒，防治细菌、真菌引起的疾病。

【用法与用量】用水稀释后均匀泼洒。预防时按 1 米水深每亩水体使用量为 50～150 克，每 2 周使用一次。治疗时为 200～350 克，每天 1 次，连用 2 天。

【休药期】500 度日。

2. 络合剂

（1）EDTA-2Na（乙二胺四乙酸二钠）

【用途】金属络合剂。与水质中的铜、锌、铁等结合，防治对虾无节幼体因重金属离子引起的畸形病、烂肢病。

【用法与用量】全池泼洒，每立方米水体使用量为 5～10 克。

【休药期】30 天。

（2）腐殖酸钠

【用途】用于络合重金属离子，稳定水体 pH，净化水质、缓解水产动物中毒症状，防治对虾无节幼体因重金属离子引起的畸形病、烂肢病。

【用法与用量】全池均匀泼洒，按 1 米水深每亩水体使用量为 200 克。

【休药期】500 度日。

3. 增氧剂

（1）过氧化钙

【用途】增加池塘水体环境溶解氧，调节水中 pH，氧化水环境中的有机物和还原性物质，用于对虾缺氧的急救。

【用法与用量】全池泼洒，预防缺氧时按 1 米水深每亩水体使用量为 0.2～0.5 千克；用于缺氧急救时，用量增加至 1.0～2.0 千克，可连续使用。

【休药期】500 度日。

（2）过氧化氢

【用途】主要用于缓解和解除虾体缺氧。

【用法与用量】按 1 米水深每亩水体使用 200～250 毫升，用水稀释 100 倍，全池泼洒。

【休药期】无。

4. 维生素——维生素 C

【用途】用于治疗坏血病，防治铅、汞、砷中毒，增强免疫功能。提高对虾抗应激作用，减少疾病的发生。

【用法与用量】口服拌料饲喂，每千克饲料加入 2～5 克，连喂 5～8 天。

【休药期】无。

5. 中草药

（1）黄连

【用途】抑制细菌、某些病毒和寄生虫的生长繁殖，调节对虾免疫机能，提高抗病力。

【用法与用量】口服拌料饲喂，煎煮取汁或粉碎使用。按对虾体重计算，每天每千克饲料添加 1.5～2.5 克；浸浴的用药浓度为 5～8 毫克/升水体。

（2）板蓝根

【用途】对多种病原微生物有抑制作用，还具有一定的抗病毒和解毒的功效。

【用法与用量】口服，粉碎后拌料饲喂，按对虾体重计算，每天每千克饲料添加 2.5～5 克，连用 4～6 天。

（3）黄芩

【用途】具广谱抗菌和消炎作用。可抑制弧菌等多种病原细菌。

【用法与用量】口服，煎煮后取汁拌料饲喂，按对虾体重计算，每天每千克饲料添加 2.5～5 克，连用 4～6 天。

（4）大蒜

【用途】可杀灭或抑制多数病原细菌，可杀灭虾体上的固着类纤毛虫、柱轮虫，还具有一定的诱食、促消化的功效。

【用法与用量】生大蒜捣碎拌料饲喂。按对虾体重计算，每天每千克饲料添加 5～7.5 克，连用 4～6 天。

（5）大蒜素

【用途】可杀灭或抑制多数病原细菌，具有一定的诱食、促消化的功效，提高对虾的免疫机能和抗病力。

【用法与用量】口服拌料饲喂，按对虾体重计算，每天每千克饲料添加 0.2～0.3 克，连用 4～6 天。

【休药期】无。

6. 抗生素

（1）氟哌酸（诺氟沙星）

【用途】用于防治对虾的红腿病、烂鳃病、甲壳溃疡病，抗菌功效较强。

【用法与用量】口服拌料饲喂，按对虾重量计算，每天每千克饲料添加 1.5～2.5 克，连用 3～5 天，可同时添加维生素 C 0.5～1.5 克。浸浴用药浓度为 2～4 毫克/升水体，每次 30～60 分钟，每天 1 次，连用 2～3 天。

【休药期】7 天。

（2）恩诺沙星

【用途】用于对虾立克次体病、烂眼病、黑鳃病、虾红腿病、虾烂鳃病、虾甲壳溃疡病等疾病的治疗。

【用法与用量】口服拌料饲喂，按对虾重量计算，每天每千克饲料添加 1～2.5 克，连用 3～5 天，可同时添加维生素 C 0.5～1.5 克。预防对虾白斑综合征的用量为每天每千克饲料添加 0.25～0.5 克，治疗用量为每天每千克饲料添加 1～2.5 克，连用 3～5 天。浸浴用药浓度为 4 毫克/升水体，每次 30，每天 1 次，连用 2～3 天。

【休药期】7 天。

四、用药禁忌

1. 忌凭经验用药和随意加大药量

须对病害进行科学的诊断，对症下药，在合适的剂量范围内用药，严禁将治疗剂量作为预防剂量长期使用，不可将浸泡浓度作为泼洒浓度。

2. 忌不明药性乱配伍和用药混合不均

有许多药物存在配伍禁忌不能混用，尤其是配伍后药性（毒性）加强的种类和配伍后导致药效失效的种类，例如呈酸性药物不能与碱性药物混用，杀菌剂不能与活菌制剂混用。同时，在用药时应将药物充分混匀，避免局部药物浓度过高产生不良效果。

3. 忌用药不顾养殖对虾生长周期且不及时跟进观察

处于不同生长阶段的对虾对药物的敏感性存在一定的差异，用药时应根据虾体规格选择合适的药物和剂量。用药后一两天内需随时观察养殖对虾和水体环境，看是否出现异常状况，如有不妥及时采取应对措施，若是正常或病症出现好转应做好记录，以便总结经验为今后提供参考。

4. 忌不了解药物成分重复用药

对于同药异名或同名异药的情况应予以足够的重视，充分了解所用药物的主要成分，避免重复用药造成用药浓度过高导致中毒或产生耐药性的问题。

5. 忌用药方法不对

必须严格按照药物产品使用说明科学用药，例如，对于通过水体泼洒的药物，应先投喂饲料后再进行用药泼洒，严禁一边泼洒药物，一边投喂饲料，导致药物进入对虾机体内引起不良反应。

6. 忌用药时间过长或疗程不足

应依照使用说明严格控制用药时间，避免长时间用药引起药物积累从而导致中毒现象，或是用药时间不足达不到良好的治疗效果。一般泼洒用药为连续 3 天一疗程，内服用药为 3～6 天一疗程。

第七节　科学健康的对虾养殖病害防控理念

养殖对虾病害的防控是否到位，其影响是由点到面的群体效应。一口池塘或一个养殖场在病害发生后治疗得及时与否、方法和药物应用正确与否、病原的扩散传播控制是否到位，将直接或间接地影响到一个养殖片区是否会发生大规模疫病的流行。从质量安全看，是否采用科学合理的措施进行治疗，既关系到养殖对虾的产品品质，影响到商品对虾的价格和经济效益，还将影响到消费者身心健康、市场诚信及其他一系列相关的社会问题。从产业的科学发展看，病原生物和用药安全控制恰当与否，关系到水域环境质量及生态安全问题，通过连锁反应，最终还是会影响到整个对虾养殖业能否持续健康的发展。所以，作为产业链中的每一位从业者都有必要逐渐树立科学的、健康的、持续发展的病害防控理念，并切实践行到养殖生产中的每一个细节。

一、树立科学的病害防控理念

1. 充分认识病害发生的潜在原因与途径

病原的垂直或水平传播、天气的突然变化、水体环境稳定性差、富营养化程度低、养殖容量过大、溶解氧供给不足和养殖操作不慎等各种问题都可能成为养殖对虾疾病发生的诱因。

2. 建立"以防为主，防治结合"的病害防控应对措施，并贯穿养殖全过程

选择健康优质的虾苗、对池塘和养殖用水进行彻底消毒、科学使用微生物和各种水体环境调节剂、营造和维护良好的池塘生态系统、实施科学的投喂策略、做好突发情况下的应急处理等，都是有效预防病害发生的重要细节。

3. 通过不断学习，多方面交流，及时了解相关动态

在学习、借鉴和总结中提升对虾健康养殖技术水平，在病害防控中做到"辩症施治，对症下药"。

二、树立健康的病害防控理念

（1）认真学习、探讨和应用健康养殖模式，科学应用生态的方法防控病害的发生，做到杜绝用药或科学地少量使用低毒高效的药物，生产无公害的对虾产品。

（2）认真学习有关文件规定，不使用国家明文规定的禁用药物（如氯霉素、孔雀石绿、呋喃类药物等），同时还须做到按照用药说明严格遵守"休药期"的要求。

（3）逐渐形成在专业人员指导下进行用药的习惯，避免仅凭经验盲目用药。

三、树立持续发展的病害防控理念

从对虾养殖产业发展的战略需求来看，树立持续发展的病害防控理念才能有效解决"养殖与生态和谐"的核心问题。逐步建立养殖小区的管理模式，建立排放水净化设施，实施养殖全程的封闭式

管理，养殖排放水经沉淀净化后进行循环使用，提高水资源的利益效率，同时也使水源区域的生态环境得以休养生息。只有从"生态文明"的角度，还自然以诚意，才能为对虾养殖产业的可持续发展赢得良好的生态回馈，才能从根本上达到养殖病害有效防控的最终目标。

附 录

附录1　无公害食品　海水虾
（中华人民共和国农业行业标准 NY 5058—2006）

一、 感官要求

　　1. 活海水虾

　　具有活海水虾本身固有色泽，体形正常，无畸形；活动敏捷，无病态；具有海水虾固有气味，无异味。

　　2. 鲜海水虾

　　鲜海水虾感官要求见附表1。

附表1　鲜海水虾感官要求

项目	指标
色泽	虾体色泽正常、无红变,甲壳光泽较好,允许少量黑斑
形态	虾体完整,允许有愈后伤疤和较小的刺擦伤
滋气味	气味正常,具有海水虾固有鲜味,无异味
肌肉组织	肉质紧密有弹性

二、 安全指标

　　海水虾的安全指标的规定见附表2。

附表2　海水虾的安全指标

项目	指标
亚硫酸盐(以 SO_2 计)/(毫克/千克)	≤100
无机砷/(毫克/千克)	≤0.5

项目	指标
甲基汞/(毫克/千克)	≤0.5
铅(Pb)/(毫克/千克)	≤0.5
镉(Cd)/(毫克/千克)	≤0.5
多氯联苯（PCBS）（以 PCB28、PCB52、PCB101、PCB118、PCB138、PCB153、PCB180 总和计)/(毫克/千克)	≤2.0
其中：	
PCB138/(毫克/千克)	≤0.5
PCB153/(毫克/千克)	≤0.5
土霉素/(毫克/千克)	≤100(养殖海水虾)
磺胺类总量/(毫克/千克)	≤100(养殖海水虾)

注：其他农药、兽药应符合国家有关规定。

附录2　无公害水产品产地环境要求
（中华人民共和国国家标准 GB/T 18407.4—2001）

一、产地要求

1. 养殖地应是生态环境良好，无或不直接受工业"三废"及农业、城镇生活、医疗废弃物污染的水（地）域。

2. 养殖地区域内及上风向、灌溉水源上游，没有对产地环境构成威胁的（包括工业"三废"、农业废弃物、医疗机构污水及废弃物、城市垃圾和生活污水等）污染源。

二、水质要求

水质质量应符合 GB 11607 的规定。

三、底质要求

1. 底质无工业废弃物和生活垃圾，无大型植物碎屑和动物尸体。

2. 底质无异色、异臭，自然结构。

3. 底质有害、有毒物质最高限量应符合附表 3 的规定。

附表 3　底质有害、有毒物质最高限量

项目	指标(湿重)/(毫克/千克)
总汞	≤0.2
镉	≤0.5
铜	≤30
锌	≤150
铅	≤50
铬	≤50
砷	≤20
滴滴涕	≤0.02
六六六	≤0.5

附录 3　渔业养殖用水水质标准

养殖用水水质标准分别见附表 4、附表 5、附表 6。

附表 4　渔业水质标准 （中华人民共和国国家标准 GB 11607—89）

项目	标准值
色、臭、味	不得使鱼、虾、贝、藻类带有异色、异臭、异味
漂浮物质	水面不得出现明显油膜或浮沫
悬浮物质	人为增加的量不得超过 10,而且悬浮物质沉积于底部后不得对鱼、虾、贝类产生有害的影响
pH 值	淡水 6.5～8.5,海水 7.0～8.5
溶解氧/(毫克/升)	连续 24 小时中 16 小时以上必须大于 5,其余任何时候不得低于 3,对于鲑科鱼类栖息水域冰封期其余任何时候不得低于 4
生化需氧量（5 天、20℃）/(毫克/升)	不超过 5,冰封期不超过 3
总大肠菌群	不超过 5000 个/升,贝类养殖水质不超过 500 个/升

续表

项目	标准值
汞/(毫克/升)	≤0.0005
镉/(毫克/升)	≤0.005
铅/(毫克/升)	≤0.05
铬/(毫克/升)	≤0.1
铜/(毫克/升)	≤0.01
锌/(毫克/升)	≤0.1
镍/(毫克/升)	≤0.05
砷/(毫克/升)	≤0.05
氰化物/(毫克/升)	≤0.005
硫化物/(毫克/升)	≤0.2
氟化物(以 F^- 计)/(毫克/升)	≤1
非离子氨/(毫克/升)	≤0.02
凯氏氮/(毫克/升)	≤0.05
挥发性酚/(毫克/升)	≤0.005
黄磷/(毫克/升)	≤0.001
石油类/(毫克/升)	≤0.05
丙烯腈/(毫克/升)	≤0.5
丙烯醛/(毫克/升)	≤0.02
六六六(丙体)/(毫克/升)	≤0.002
滴滴涕/(毫克/升)	≤0.001
马拉硫磷/(毫克/升)	≤0.005
五氯酚钠/(毫克/升)	≤0.01
乐果/(毫克/升)	≤0.1
甲胺磷/(毫克/升)	≤1
甲基对硫磷/(毫克/升)	≤0.0005
呋喃丹/(毫克/升)	≤0.01

附表5　海水养殖用水水质要求
（中华人民共和国农业行业标准 NY 5052—2001）

项目	标准值
色、臭、味	海水养殖水体不得有异色、异臭、异味
大肠菌群/(个/升)	≤5000,供人生食的贝类养殖水质≤500
粪大肠菌群/(个/升)	≤2000,供人生食的贝类养殖水质≤140
汞/(毫克/升)	≤0.0002
镉/(毫克/升)	≤0.005
铅/(毫克/升)	≤0.05
六价铬/(毫克/升)	≤0.01
总铬/(毫克/升)	≤0.1
砷/(毫克/升)	≤0.03
铜/(毫克/升)	≤0.01
锌/(毫克/升)	≤0.1
硒/(毫克/升)	≤0.02
氰化物/(毫克/升)	≤0.005
挥发性酚/(毫克/升)	≤0.005
石油类/(毫克/升)	≤0.05
六六六/(毫克/升)	≤0.001
滴滴涕/(毫克/升)	≤0.00005
马拉硫磷/(毫克/升)	≤0.0005
甲基对硫磷/(毫克/升)	≤0.0005
乐果/(毫克/升)	≤0.1
多氯联苯/(毫克/升)	≤0.00002

附表6 淡水养殖用水水质要求
（中华人民共和国农业行业标准 NY 5051—2001）

项目	标准值
色、臭、味	不得使养殖水体带有异色、异臭、异味
总大肠菌群/(个/升)	≤5000
汞/(毫克/升)	≤0.0005
镉/(毫克/升)	≤0.005
铅/(毫克/升)	≤0.05
铬/(毫克/升)	≤0.1
铜/(毫克/升)	≤0.01
锌/(毫克/升)	≤0.1
砷/(毫克/升)	≤0.05
氟化物/(毫克/升)	≤1
石油类/(毫克/升)	≤0.05
挥发性酚/(毫克/升)	≤0.005
甲基对硫磷/(毫克/升)	≤0.0005
马拉硫磷/(毫克/升)	≤0.005
乐果/(毫克/升)	≤0.1
六六六(丙体)/(毫克/升)	≤0.002
滴滴涕/(毫克/升)	0.001

参 考 文 献

[1] Dee M B，Albert G J，Bonnie P，et al. Reduced replication of infectious hypodermal and hematopoietic necrosis virus (IHHNV) in *Litopenaeus vannamei* held in warm water. Aquaculture，2007，265 (1-4)：41-48.

[2] Feuga A M. The role of microalgae in aquaculture：situation and trends. Journal of applied phycology，2000，12：527-534.

[3] Gatesoupe F J. The use of probiotics in aquaculture. Aquaculture，1999，160：177-203.

[4] Johnston D，Lourey M，Tien D V，et al. Water quality and plankton densities in mixed shrimp-mangrove forestry farming systems in Vietnam. Aquaculture Research，2002，33 (10)：785-798.

[5] Lin H Z，Guo Z X，Yang Y Y，et al. Effect of dietary probiotics on apparent digestibility coefficients of nutrients of white shrimp *Litopenaeus vannamei* Boone. Aquaculture research，2004，35：1441-1447.

[6] Ryncarz A J，Goddardet J，Wald A，et al. Development of a high-throughput quantitative assay for detecting herpes simplex virus DNA in clinical samples. Journal of Clinical Microbiology，1999，37：1941-1947.

[7] Tendencia E A，Bosma R H，Verreth J A J. White spot syndrome virus (WSSV) risk factors associated with shrimp farming practices in polyculture and monoculture farms in the Philippines. Aquaculture，2011，311：87-93.

[8] 曹煜成，李卓佳，林小涛等. 地衣芽孢杆菌 De 株对凡纳滨对虾粪便的降解效果. 热带海洋学报，2010，29 (4)：125-131.

[9] 曹煜成，李卓佳，杨莺莺等. 浮游微藻生态调控技术在对虾养殖应用中的研究进展. 南方水产，2007，3 (4)：70-73.

[10] 郭皓，于占国. 虾池浮游植物群落特征及其与虾病的关系. 海洋科学，1996，(1)：39-451.

[11] 郭志勋，李卓佳，管淑玉等. 抗对虾白斑综合征病毒 (WSSV) 中草药的筛选及番石榴叶水提取物对 WSSV 致病性的影响. 广东农业科学，2011，38 (21)：129-131.

[12] 何建国，莫福. 对虾白斑综合征病毒暴发流行与传播途径、气候和水体理化因子的关系及其控制措施. 中国水产，1999，7：34-41.

[13] 洪敏娜，杨莺莺，梁晓华等. 江蓠与有益菌协同净化养殖废水效果的研究 // 从产量到质量——海水养殖业发展的必然趋势. 北京：海洋出版社，2009：616-621.

[14] 胡晓娟，李卓佳，曹煜成等. 强降雨对粤西凡纳滨对虾养殖池塘微生物群落的影响. 中国水产科学，2010，17 (5)：987-995.

[15] 李奕雯，曹煜成，李卓佳. 养殖水体环境与对虾白斑综合征关系的研究进展. 海洋科学进展，2008，26 (4)：532-538.

[16] 李卓佳，蔡强，曹煜成等．南美白对虾高效生态养殖新技术．北京：海洋出版社，2012.

[17] 李卓佳，贾晓平，杨莺莺等．微生物技术与对虾健康养殖．北京：海洋出版社，2007.

[18] 李卓佳，李奕雯，曹煜成等．对虾养殖环境中浮游微藻、细菌及水质的关系．广东海洋大学学报，2009，29（4）：95-98.

[19] 李卓佳，杨铿，冷加华等．水产养殖池塘的主要环境因子及相关调控技术．海洋与渔业，2008，8：29-30.

[20] 李卓佳，虞为，朱长波等．对虾单养和对虾-罗非鱼混养试验围隔氮磷收支的研究．安全与环境学报，2012，12（4）：50-55.

[21] 梁伟峰，陈素文，李卓佳．虾池常见微藻种群温度、盐度和氮、磷含量生态位．应用生态学报，2009，20（1）：223-227.

[22] 梁晓华，杨莺莺，李卓佳等．海马齿净化养殖废水的初步研究：从产量到质量——海水养殖业发展的必然趋势．北京：海洋出版社，621-625.

[23] 刘孝竹，李卓佳，曹煜成等．珠江三角洲低盐度虾池秋冬季浮游微藻群落结构特征的研究．农业环境科学学报，2009，28（5）：1010-1018.

[24] 罗俊标，骆明飞，盘润洪等．南美白对虾淡水池塘简易温棚冬季养殖高产技术．中国水产，2005，11：30-31.

[25] 罗亮，张家松，李卓佳．生物絮团技术特点及其在对虾养殖中的应用．水生态学杂志，2011，32（5）：129-133.

[26] 罗勇胜，李卓佳，杨莺莺等．光合细菌与芽孢杆菌协同净化养殖水体的研究．农业环境科学学报，2006，25（增刊）：206-210.

[27] 米振琴，谢骏，潘德博等．精养虾池浮游植物、理化因子与虾病的关系．上海水产大学学报，1999，8（4）：304-308.

[28] 彭聪聪，李卓佳，曹煜成等．凡纳滨对虾半集约化养殖池塘浮游微藻优势种变动规律及其对养殖环境的影响．海洋环境科学，2011，30（2）：193-198.

[29] 孙耀，李锋，李键等．虾塘水体中浮游植物群落特征及其与营养状况的关系．海洋水产研究．1998，19（2）：45-51.

[30] 王克行，马甡，李晓甫．试论对虾白斑病暴发的环境因子及防病措施．中国水产，1998，（12）：34-35.

[31] 王少沛，李卓佳，曹煜成等．微绿球藻、隐藻、颤藻的种间竞争关系．中国水产科学，2009，16（5）：765-770.

[32] 王奕玲，李卓佳，张家松．高位池养殖过程凡纳滨对虾携带 WSSV 情况和动态变化．中国水产科学，2012，19（2）：301-309.

[33] 文国樑，李卓佳，曹煜成等．南美白对虾高效健康养殖百问百答．北京：中国农业出版社，2010.

[34] 文国樑，李卓佳，冷加华等．南美白对虾安全生产技术指南．北京：中国农业出版社，2012.

[35] 周化民，何建国，莫福等．斑节对虾白斑综合征暴发流行与水体理化因子的关系．厦门大学学报，2001，40（3）：775-781.

化学工业出版社同类优秀图书推荐目录

ISBN	书名	定价（元）
18413	水产养殖看图治病丛书——黄鳝泥鳅疾病看图防治	29
14390	水产致富技术丛书——泥鳅高效养殖技术	23
19047	水产生态养殖技术大全	30
18413	水产养殖看图治病丛书——黄鳝泥鳅疾病看图防治	29
18389	水产养殖看图治病丛书——观赏鱼疾病看图防治	35
18391	水产养殖看图治病丛书——常见虾蟹疾病看图防治	35
18240	水产养殖看图治病丛书——常见淡水鱼疾病看图防治	35
15948	水产小食品生产	29
15561	水产致富技术丛书——福寿螺田螺高效养殖技术	21
15481	水产致富技术丛书——对虾高效养殖技术	21
15001	水产致富技术丛书——水蛭高效养殖技术	23
14982	水产致富技术丛书——经济蛙类高效养殖技术	21
14390	水产致富技术丛书——泥鳅高效养殖技术	23
14384	水产致富技术丛书——黄鳝高效养殖技术	23
13547	水产致富技术丛书——龟鳖高效养殖技术	19.8
13162	水产致富技术丛书——淡水鱼高效养殖技术	23
13163	水产致富技术丛书——小龙虾高效养殖技术	23
13138	水产致富技术丛书——河蟹高效养殖技术	18

邮购地址：北京市东城区青年湖南街 13 号化学工业出版社（100011）

服务电话：010-64518888/8800（销售中心）

如要出版新著，请与编辑联系。

编辑联系电话：010-64519829，E-mail：qiyanp@126.com。

如需更多图书信息，请登录 www.cip.com.cn。